U0194744

莳植、生长、料理

［英］凯瑟琳·霍金斯（Kathryn Hawkins）　著

徐华琴　译

中国水利水电出版社
www.waterpub.com.cn
·北京·

内 容 提 要

还有什么能比自己种水果和蔬菜，享用刚采摘的新鲜果蔬更令人满足的呢？自己种植农作物不必局限于是否拥有大花园或者农田。在有限的空间里，如花盆、窗槛花箱和其他各种各样的容器中，就可以种植各种各样的蔬菜、香草和水果，让你离自给自足的梦想又近了一步。

本书首先向读者介绍了种植前需要了解的知识和需要做的准备工作，如需要的工具和材料，种子、幼苗、容器的挑选，栽培技巧，以及农作物防护方法等。接下来介绍的是蔬菜、草本植物和水果种植入门，每种农作物条目下都列出了种植、选址、维护、收获及储存等详细说明。最后，食谱部分列出了一些使用自己种植的农作物制作菜肴的方法。25道新鲜简单的开胃菜、主菜和甜点的食谱，为这本实用而迷人的书完美收官。

本书适合希望在家中享用自己收获的果实的读者阅读。

北京市版权局著作权合同登记号：图字01-2020-3007号

Original English Language edition Copyright © **AS PER ORIGINAL EDITION**
Fox Chapel Publishing Inc. All rights reserved.
Translation into Simplifed Chinese Copyright © 2021
by **China Water and Power Press,** All rights reserved. Published under license.

图书在版编目（ＣＩＰ）数据

　　莳植、生长、料理 ／（英）凯瑟琳·霍金斯著；徐
华琴译. -- 北京：中国水利水电出版社，2021.2
　　（庭要素）
　　书名原文：Pot It, Grow It, Eat It
　　ISBN 978-7-5170-9425-8

　　Ⅰ. ①莳… Ⅱ. ①凯… ②徐… Ⅲ. ①观赏园艺②食
谱 Ⅳ. ①S68②TS972.12

　　中国版本图书馆CIP数据核字(2021)第029695号

策划编辑：庄　晨　　　　责任编辑：白　璐　　　　封面设计：梁　燕

书　　名	*庭要素* 莳植、生长、料理 SHIZHI, SHENGZHANG, LIAOLI	
作　　者	［英］凯瑟琳·霍金斯（Kathryn Hawkins）　著　徐华琴　译	
出版发行	中国水利水电出版社 （北京市海淀区玉渊潭南路 1 号 D 座 100038） 网址：www.waterpub.com.cn E-mail：mchannel@263.net（万水） 　　　　sales@waterpub.com.cn 电话：（010）68367658（营销中心）、82562819（万水）	
经　　售	全国各地新华书店和相关出版物销售网点	
排　　版	北京万水电子信息有限公司	
印　　刷	雅迪云印（天津）科技有限公司	
规　　格	184mm×240mm　16 开本　8.75 印张　182 千字	
版　　次	2021 年 2 月第 1 版　2021 年 2 月第 1 次印刷	
定　　价	59.90 元	

前　言

　　我最早开始在容器里种植作物还是住在伦敦公寓的时候。那里有一个公共花园，我住在一楼，很容易就能走到室外的空间，公寓旁边连着一堵朝南的墙，于是我在那里种上了一些娇嫩的作物。在我住在那里的 12 年间，它们一次也没有遭遇过霜冻。我那时主要种植生菜、西红柿、香草和一些水果，以及诸如含羞草和夹竹桃等地中海灌木。整个夏天，我都可以把盆栽的柠檬树放在室外而不用担心受到恶劣天气的影响。事实上，如今回想起那段时光，我确实被宠坏了，那时候我无须记得经常给我的植物浇水，因为我的两个钟爱园艺的邻居比我用喷壶要勤快得多！几年后，我搬到苏格兰中部，有了自己的庭院，但我还会在容器中种植不少植物，主要是方便，因为容器使我能够种植一些不适应当地土壤条件的植物和一些不加以控制就会像野火一样蔓延开的植物。盆栽也使得我在遇到恶劣的天气条件时，可以快速将它们移到安全的位置。我特别喜欢用培养袋，这种容器很适合我"实用至上"的观念，也很适合我稍微有些急躁的性格，因为我可以把它撕开，直接种下去。当我在户外瞎鼓捣、照料我的植物时，发现这种活动对健康很有益处，使人放松，而且只需做一些简单的调整，就能轻松地保持盆栽植物干净利落。

　　在过去的几年里，我对园艺工作的兴趣渐浓。最近，我意识到自己种植果蔬既有益于健康，又可以保护环境。多数人认为必须有自己的花园或室外空间才能种植作物，但事实并非如此。你可能会惊讶地发现，只要有狭窄的窗台那么小的一块儿空间，几乎任何人都可以种植自己喜欢的作物。当然，无论你有多大的种植空间，这本书都能帮你找到一些可以种植、培育和享用的作物。

　　无论室内还是室外都可以种植多种水果、香草和蔬菜：窗台上的香草、辣椒、圣女果和草莓，露台或阳台水槽里的小树和根茎蔬菜。除了可以自己 DIY 各种容器、桶和花盆外，园艺品店还出售大量专门用来种植作物的容器，这些容器有各种各样的形状、颜色、大小和材质。还可以找到种植农作物用的工具套装，比如种土豆的工具袋、种生菜的工具包，或种蘑菇的工具盒。在开始之前，需要做一些仔细的计划，我已经列出了在动手前应该考虑的所有事情。相信读了这本书的前几页，你就会跃跃欲试。然后，一切就像魔法一样，不出几周，你就可以真正享受自己的劳动果实了。当你狼吞虎咽地吃着第一盘自己种植的农作物做的菜时，你无疑会感到美滋滋的。如果你不知道怎么烹饪，我在书的后面列出了一些食谱，可以帮助你充分享用自己种的农作物。

　　容器园艺非常有趣，可以真正发挥你的想象力。一个花哨的盆、新生的植株，当然还有大量看着很健康、味道很棒的自产优质农作物，为狭窄的空间增添一抹亮色。那么，戴上你的手套，开始种植吧！

　　祝你有个好胃口！

凯瑟琳·霍金斯

目　　录

容器园艺的实用性

容器栽培的好处非常多，如果你觉得没有足够的、合适的空间，那么的确需要发挥一下想象力，也需要稍微有点儿创意。如果没有太多的地面空间，可以考虑一下垂直栽种——容器放在台阶上，或堆放在不同水平高度的砖块或石头上怎么样？别忘了还有吊篮、窗台和壁架。如果你完全没有外部空间，可以看看居住空间，室内有什么可以用的窗台和壁架，是否

可以把桌子或其他家具放得靠近窗户一些，这样就能多栽一些。容器栽培使你能更方便快捷地管理作物，有助于把室外的作物移到室内种植。你可以很容易地把植物移来移去，以获得尽可能多的日照，或在必要的时候把植物移到阴凉处和遮蔽处。一旦开始正常生长，大多数植物只需要简单的日常维护即可。

盆栽可以使死角亮丽生色，是遮挡不雅之物的最佳选择。事实上，植物可以赋予外观沉闷的墙壁或栅栏某种特色。你可以随心所欲地变换周围的物品，创造出无穷无尽的盆栽景观。最重要的是，我认为容器种植使得我们所有人都能够种植自己的农作物，乐在其中，并带给我们真正的满足。

买容器之前，应仔细考虑一下自己有多大种植空间和想要种点什么。大多数作物需要阳光，但不是所有的作物都喜欢全日照，还有些作物需要采取防护措施，以免遭受高温、大风和霜冻的危害。另外，还需要定期浇水，应考虑一下这一特性的可行性——有些植物需要浇的水比其他植物多。同时，要想想你喜欢吃什么和实际上能吃多少——努力种了很多，结果浪费了也是毫无意义。先列出一个清单，浏览第20～103页的蔬菜、香草和水果，并参照选择的植物查看所在地区是否适合种植（每个条目都有简短的盆栽指南，供快速参考）。

量一下栽种空间的尺寸，算出可能需要多少个花盆，粗略计划一下将花盆摆放在哪里。有许多形状和大小的花盆可供选择，所以即使是最抽象的空间，你也可以放进去某种容器。在稍大一点儿的园艺品店就能找到各种风

◀ 园丁的最爱：传统的陶瓦盆

格的适合壁挂的花盆和器皿，从实用而廉价的塑料制品和玻璃纤维制品到比较传统的木制品和陶器。此外，还有彩色釉面和绘有图案的陶罐、石制品和混凝土制品，时髦的金属制品和石板制品，以及大量介于金属和石板之间的容器。若想要非常便宜和实用的，则应选择种植袋，也可以简单地卷取袋子里最上面的培养料，并将种植袋作为一个花盆使用。如果你想即兴创作和回收利用，只要你能够在上面挖排水孔，就可以随心所欲地选择各种容器，别忘了，可以通过上漆、涂色、模板印刷或贴上带图案的贴纸装扮二手花盆和花槽盆，使之重获新生。

在购买容器时，除了成本之外，还需要考虑以下几点：

- **大小与空间** 应始终选择能负担得起的、放得下的最大的容器。对某些植物来说，深度和宽度更为重要，但一般来说，容器越大越好。种植时应记下容器的重量，特别是如果有阳台或想四处搬动，这可以作为一个指标。

- **排水** 不管选择什么容器，都要确保底部有现成的孔，或者自己可以轻松地钻出孔。

- **孔隙度** 陶器和木制品的渗透性比塑料或釉面陶器强，而且能够很快变干；但如果不方便经常浇水，这两种材质可能不是最好的选择。不过，可以通过内衬塑料制品来使这种缺陷的影响降到最低，木制容器也可以通过上漆进行密封。

- **自动浇水** 如果很难做到经常浇水，有必要考虑一下自动浇水容器。这种容器通常是塑料制品，价格可能相当昂贵，也并不一定很好看，但确实是一个比较实际的方法。你也可以找一些工具，帮你把别的容器改造成可以自动浇水的容器。

- **保暖性** 有些材料，比如金属，会使植物的根在高温和寒冷天气时受到极端温度的影响，所以要考虑给它们加内衬，使其更利于植物生长——在这种情况下，泡沫包装就是一种很好的内衬。你也可以使用厚的塑料布，比如池塘衬垫、培养料袋残片或园艺用起绒布块。

- **寿命** 如果某样东西很便宜，可能就用不了太久。这对于那些生命周期短的农作物来说没有什么大碍，但是寿命较长的树木和灌木应该种在坚固的、防冻的容器中，这样就能够在植物的生命周期中一直使用该容器。最后要记住一点：如果你因为赶时髦而选择昂贵的容器，首先应估量其实用性，然后再想想几个月后自己是否会对它感到厌倦。

其他创意……

有这么多事情要考虑，你的脑袋可能要爆炸了！或者你可能会觉得有点厌烦，觉得自己无法达到预期。我经常发现，在这种情况下，简单的思维碰撞就可以让我回到正轨。可以考虑进行组合种植，也就是在一个区域种植几种植物，它们在某种程度上可以相互补充。一小块儿阳光充足的场地就能打造成为一处东方"盆栽景观"，里面有大蒜、香菜、小葱、辣椒和小白菜，所有这些都是美味佳肴的佐料。如果你喜欢意大利菜，可以将胡椒和西红柿与罗勒和芝麻菜组合种植。可以试着把不同的沙拉叶菜与可食用的花卉和香草的种子混种在一个大容器里，这样你就有了一个"取之不尽的沙拉碗"。如果没有遮阳物，可以考虑在一个围度较大的容器中种植一株小型果树或灌木，在这株植物的绿荫下种植根系较浅的作物，这些作物成熟快，不喜欢太多的直射光。茎部坚硬、壮年期树木和灌木也可以用作攀缘植物，像红花菜豆的天然支持系统，各种高大的甜玉米品种可以作为豌豆、蚕豆和四季豆的自然支护结构，这些豆类的根系很浅，不会妨碍玉米的生长。对于爱吃水果的人来说，种着草莓的吊篮或种有高山草莓的窗台容器就是简单而又令人满意的选择。

新手入门

这一部分很重要，应先读完再去购买种子和幼苗。阅读这些要点能帮助你省钱，避免浪费，最重要的是，将帮助你在种植盆栽时获得最好的效果。

种子、幼苗和绿植的挑选

一旦有了种植的想法，就会四处寻找种子和幼苗。和食品一样，种子也有保质期，所以在购买之前一定要检查种子的有效期。可以前往信誉良好的园艺品店或种子批发商处购买种子，那里的产品周转较快，另外，应确保种子的包装完好无损。预先包装好的种子是经过处理的，这样你在播种的时候除了种子就不再需要别的步骤——从朋友处得来的或未知来源的种子就不能保证了。许多种子批发商那里如果有质量问题可以包退，如果他们的种子不发芽，你也不会完全亏本。应考虑一下哪里可以用来播种，置放种子托盘，直到幼苗长到足够大时再移栽到更大的容器中。

说到幼苗和绿植，这实际上是普通的常识。一家有良好声誉的园艺品店或苗圃会确保植物得到充分的浇灌、看起来很健壮，有些还能保证不会种植失败。不要购买枯苗、伤苗或过干的苗，还有那些看上去长得比花盆还大的苗。

选择恰当的生长基质

准备好了花盆，现在填些什么进去呢？当然有很多选择，可以在以下五种基质中进行选择，不过具体取决于你打算种植什么。

■ **种子培养料** 如果打算播种，则必须用种子培养料。这种基质质地精细，含有种子发芽并保持良好生长状态约六周所需的各种均衡的营养物质。

■ **土基培养料** 最适合在容器中长很久的植物，比如果树。这种混合物质地黏重，保持水分和营养物质的时间比其他复合肥长。如果只用土基培养料装填容器，就会很沉重、笨拙，因此通常会添加一些无土培养料或其他材料来改善排水性和其结构。

■ **无土或通用（多用）培养料** 最广泛使用和最容易买到的培养料。通常用腐植土制成，不过现在主要由腐叶土替代。购买最便宜的培养料不一定可取，因为对于大多数物品来说，一分钱一分货，质优价高。优质的通用培养料应该含有足够的营养物质，能供给植物生长六周所需的养分。通用培养料的质地比那些含有土壤的培养料轻得多，因此也干得比较快，所以必须经常浇水。

■ **杜鹃科植物培养料** 种植喜酸植物，比如蓝莓和蔓越莓，必须用杜鹃科植物培养料。这种混合物不含石灰，有助于防止嗜酸植物发生萎黄病（见第18页）。为了保持酸性水平，只能用雨水浇灌，并在施肥时选择无石灰的肥料。

■ **柑橘类植物培养料** 这是培养料中一种特殊的营养素掺合物，最适合各种柑橘类植物及其近缘物种。

一旦暴露在空气中，所有的培养料都会立刻失效，所以袋子打开后到下次使用前要封好，一次的购买量也不宜太多，很快能用完即可。

容器的排水性

为了确保培养料有保肥能力，维持植物的

生长发育，植物能够吸收水分而不会被淹死，重要的是应确保容器使用了适当的排水材料。如果培养料看起来有点潮湿粘连，还聚成团块，可以添加园艺用的沙砾来改善其排水性。园艺品店可以看到一种叫"蛭石"的东西，可以将其混在培养料中，使培养料更轻便，并改善培养料的通气性——如果你想减轻阳台上花盆的重量，这是一种很好的东西。

在用培养料装填容器之前，应确保容器有足够的排水孔。用排水材料完全覆盖容器底部。可以使用旧碎陶盆片、砾石或小石头。如果想减轻重量，可以用聚苯乙烯片或小塑料花钵盖住大排水孔。所有这些材质都有助于打造良好的排水层，有助于防止积水，同时它们也不会在水或土壤中分解。

装填到位后，应使容器稍微离开地面，这样多余的水就会排出，花盆就不会"坐"在水坑里了。要么用砖头，要么将专用盆脚整齐地排在盆底边缘下，保持容器下面空气的流通。

植物施肥

在花圃或花坛中，植物可以把它们的根伸到土壤深处，以获得额外的营养素，但是容器中种植的植物则完全依赖于所施用的营养素。培养料提供生长六周所需的营养物质，之后就由你来为植物提供养料和营养成分，以便使其正常生长，并获得良好的收成。并非所有作物都需要另外施肥：沙拉叶菜成熟很快，不需要额外施肥；但是像西红柿之类有漫长而稳定的生长季的植物，就需要大量的养料。植物有几种有机和无机的施肥方式，这取决于个人选择。可溶性肥料能混合在水里，浇水时就给植物施了肥。这种肥料一般每 10 ～ 14 天使用一次，通常用于肉质果实，如西红柿、黄瓜和小胡瓜。另一种肥料呈颗粒状，在种植的时候掺入复合肥中就能缓慢地释放营养物质达六周。你还会

▲ 柑橘类植物的专门"滴给式施肥装置"

发现这些颗粒肥的"塞栓"，日后需要补充养分时，很容易就能将其塞入复合肥中。

为了提高开花结实植物的产量，必须施用一种钾含量高的肥料，而富含氮的肥料可以促进植株的生长，所以对绿叶蔬菜很重要。对于喜酸的植物，应避免使用含有石灰的肥料，因为这种肥料会在复合肥中起到中和的作用，使其酸性水平下降。你也会发现许多专门用于各种各样的植物的特效复合肥，例如塞入复合肥并在数周内缓慢地逐滴给植物输送肥料的柑橘类供肥器。

不管选择哪种肥料，一定要遵循厂商关于剂量和施用的说明。

行业用具

令人欣慰的是，选择盆栽不需要太多东西就可以动手种植。随便去一家园艺品店都能看到大量的园艺工具，虽然有些东西也能用得上，

但实际上不必每样都买，有的可以用一些简单的东西替代。

- **挖洞器**　这是一种很廉价的工具，可以用它在装有复合肥的花盆中挖出完美的穴，然后把种子或幼苗种下去。可以根据挖洞器按到复合肥里的深度挖出不同深度的穴。挖洞器在各种环境中都可以使用，最好是买一个用于播种和种植幼苗的细长的挖洞器，和一个适合大一些植株的较宽的挖洞器。不过，其实用旧铅笔或木钉也可以达到同样的效果。

- **泥铲和手叉**　可用于较小区域和植株之间的除草和翻土。用泥铲可以挖出比用挖洞器挖的更大的穴，对于种植较大的幼苗和植株必不可少，你也不会像用铁锹或大叉子一样弄乱复合肥。此外，我还发现厨房里的旧汤匙和叉子，可以够到一些很小的地方，又不会

影响到脆弱的根系，用起来很方便。

- **标签**　幼苗最初看起来都非常相似，所以播种的时候应给每种植物都做个标签，这样就不会搞混了。确保使用不褪色的笔，这样浇水的时候不会冲洗掉字迹。可以储存一些木质冰棒棍，自己动手做标签。

- **喷壶和喷雾器**　用小喷嘴或莲蓬式喷嘴可以直接喷在盆栽植株的基部。针对不同的目的，我喜欢使用大小不同的水壶，这也取决于存储空间。比如，我有一个装雨水的壶和一个装自来水的壶，还有一个装液肥的壶。有细孔喷嘴的塑料喷雾器可以喷出细小的温水水雾来冷却或清洗植物，有助于坐果，促进作物丰收。

- **细竿、支撑系统、绳子和带子**　竹竿并不贵，而且可以根据需要支撑的植物裁成不同的长

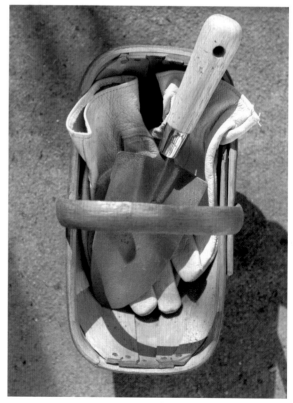

度。可以在顶部放置一个挡块（或塑料杯），防止事故发生。也可以用园艺专用细绳绑在一起，做成较精细的框架，比如红花菜豆攀爬的拱形顶或者黑莓的棚架——比精制的现成架子便宜得多（不过，后者可以为小空间增添艺术感和时尚感）。也可以将不同长度的绳子系在细竿上，作为辅助支撑物，让豌豆盘绕在上面。可以从灌木篱墙上收集细树枝和棍棒，插到豌豆花盆里，给豌豆植株提供支撑。虽然可以用园艺专用细绳来固定大多数植物，但你可能更喜欢用塑料绳或夹子固定较小或较脆弱的植物（在园艺品店有相当多的材料可供选择）。

■ **修枝剪和剪刀** 这可能是园艺用具最大的开销之一，但值得买。如果保管得当，一把像样的用于短截和整枝的修枝剪可以用很多

年。另外，有必要单独拿出一把厨房剪刀，用于园艺工作。剪刀可以用于小范围内的"修剪"，也可以用来采收沙拉叶菜、香草和无核小水果。园艺剪刀同样也很有用。

■ **起绒布和网状材料** 根据你住的地方和准备种植的植物，这两种材料你可能需要每种都购买一些。这些材料都不贵，而且随时都可以从园艺品店买到，它们是从成卷的材料上剪下来的。易于储存和使用，可以迅速覆盖花盆和容器，以保护它们免受不利的天气条件、强烈的阳光和害虫的影响。

■ **手套** 对于是否要戴手套，园丁们的意见似乎各占一半。我明白不戴手套的原因：更能察觉出自己正在处理的事物。在做较精细的活儿时，我也不戴手套。总之，我经常会戴着手套（薄薄的乳胶手套有益于我做大部分园艺工作），主要是因为我还要进出厨房煮饭。

■ **夯和粗筛** 这是一些可选的配件，但是如果你遇到了园艺小问题，它们会非常有用。夯是一种装着手柄的木块，有各种大小和形状可供选择，用于压实和平整种子托盘和容器中的培养料。它也可用于把幼苗和植物固定在土壤中。粗筛其实是一种园艺用筛。有不同的大小，小的用来将精细的复合肥筛在种子上，或将团块和石头从复合肥中筛出。

■ **花盆饰物** 我把这些内容列出来，是因为没想到竟然能买这么多零碎物品来装饰花盆，这不禁使我惊讶。从简单的在风中转动的风车（可以成为很棒的惊鸟器），到撒在复合肥上的卵石和玻璃碎片（也作为覆盖物），再到镶在花盆内和花盆周围的极具装饰性的雕像和物件，为看似普通的容器平添了一些乐趣、一抹色彩。

◀ 我的一些园艺必需品：竹竿、手套、粗篮和泥铲、细绳和修枝剪

播种栽培的一些技巧

许多种子需要先催芽再种植在容器中，有些种子需要在室内较温暖的环境下才能萌芽。你会发现各种各样的用于育苗的塑料种子托盘、单独的盆和组件。可生物降解的泥炭盆最为实用，因为一旦幼苗长成，就可以将盆整个种下去——对于甜玉米这样的作物来说是最理想的，因为它们的根系不喜欢受到干扰。你会发现很多现成的可生物降解的盆，大小不一，但要注意"泥炭球"一旦浇水就会膨胀成独立的模块——如果没有太多的储存空间，那就再好不过了。对于像青椒和辣椒这样柔嫩的作物，应使用盆或托盘，上面覆盖培育箱盖或透明塑料膜，尽可能地保温，以利于催芽。我用一层保鲜膜覆盖在托盘上，让种子生根，然后随着幼苗的生长，变成一个圆顶的盖子。如果很难找到一个暖和的地方，那么可能需要购入一台电热培育箱来帮助催芽，但这些设备很昂贵，可以先做个调查。为了写这本书，我已经设法在没有电热培育箱的情况下培育了所有的幼苗，而且我住在一栋寒冷的维多利亚时代建造的石头别墅中！

目录中每一种植物的条目下都有更具体的种植说明，不过，基本原理是相同的。用复合肥装满种子模块，用一块平木板把表面刮平，然后轻拍托盘的作业面，把复合肥压实。在每个模块的中心用细挖洞器挖一个穴，再在每个穴里撒若干种子（大的种子可以逐粒种）。我经常使用浸湿的取食签来转移个别种子。或者，也可以轻轻地把种子撒在托盘或花盆的表面。在上面轻轻地撒一些较细的复合肥，并用细喷嘴喷壶浇水，这样的操作自然会使表面变得平整。将种子托盘贴上标签，放在温暖、明亮的地方直到发芽，浇水防止种子变干，必要时盖上培育箱盖。幼苗生长时，可能需要保护其免受强光的照射。还要把这些幼苗种在更大、更

深的花盆里，这样才能在搬到户外之前长出更健壮的根系，这称为"入盆"。每次都应选择最强壮的植株，遵循"幼苗移栽"中的说明，并使用通用复合肥。

幼苗长到合适的大小，第一次被移到户外时，可能会受到点儿冲击，必须逐渐地进行锻炼，以使其适应温度的变化，这称为"适应"或"强化"。幼苗长到理想的大小，外面的温度适宜时，可以将其放在蔽阴处，避免大风、强烈的阳光和霜冻的危害。应给幼苗保暖和浇水，几天之后就可以移植到所选的容器里了。

在室外育苗时，可以选择一块较小的温暖、蔽阴的地方。如前所述，可以在托盘或模块中育苗，如果空间充足，也可以使用更大的容器进行短行育苗，直到幼苗长大到可以移植为止。或者，也可以直接播种到所选的容器中。记住，

▼ 最简单的带盖育苗盘

室外的幼苗会遇到害虫及不利天气条件的影响，所以必须进行仔细的监测。等幼苗长到理想大小时，小心地移出并移植到另一个栽种容器中，或令其留在原地生长。

有时种子很小，很难逐粒播种。虽然会尽量播种得稀疏些，但有些地方不可避免地会撒一大片。在这种情况下，可以等幼苗长到足够大再轻轻地把多余的苗拔掉，直到达到所需的密度。稀疏的苗或移除的幼苗通常较瘦弱，最好丢弃。

幼苗移栽

幼苗培育至所需的大小，就可以移植了。用小铲子或厨房用的旧勺子将幼苗从育苗盘或模块中取出，注意不要损伤其根部，最好尽可能地抓住叶片。在所选容器里挖一个洞，轻轻地把幼苗放进去。小心地把幼苗周围的复合肥压实并浇水。这一步骤与移栽园艺品店或苗圃的成苗的过程相同。有些作物，如卷心菜和大黄，在种植后需要使用复合肥。根据植株和作业区域的大小，可以使用不同的工具和方式，如用夯、泥铲的末端或手、脚把培养料压实。

专业技巧

"培土"是一种通过使根菜类蔬菜的地下块茎免受阳光照射，从而得以正常生长发育的技术。这种技术可以增加像卷心菜这样重心较高的植物的稳定性，在多风的环境中，能给作物提供更多的支持。首先，要小心地把复合肥铲到容器的顶部，同时清除杂草。用泥铲把复合肥堆靠在植物的茎上，逐渐形成一个顶部稍平的土堆，这样既可以覆盖新芽，也可以将复合肥充分堆积起来以增加对茎的支持。可能还需要向容器中另外添加一些复合肥，以获得更好的效果。随着植株的生长，适时重复这个过程，直到植株成熟。

有些植物成熟的时间比其他植物长。一般生长较缓慢的作物有卷心菜、大蒜和青葱。填闲种植，即在生长较慢的作物前后和其间栽种早熟的作物，如菠菜、甜菜、甜菜根、芜菁和小胡萝卜，从而充分利用容器中的空间。连栽是另一种种植速生性作物的有效方法。这些作物可以同时成熟，但不能长时间保存，例如生菜、小葱、小萝卜和小胡萝卜。在容器里每两周种下几粒种子，这样就可以在整个夏天错开收获时间。

长得较高的水果和蔬菜植株通常没有强壮的茎来支撑植株及其果实，所以需要其他的支撑系统。根据所种植的作物不同，可以使用简单的竹竿或较复杂的特制框架。用细绳、专用扎带或夹子将植株固定在支架上。通常要在植物定植之前先放置支撑物，以免在后期破坏根系，也有利于植物在生长过程中沿着支撑物向上生长。

培养料中的水分会因为风吹日晒而流失，容器栽培水分蒸发得更快，因为花盆的侧面就暴露在空气中，所以表面积更大；在容器中根系存在营养元素不足的隐患。可以在培养料顶部覆盖一层质地疏松的材料来保持水分和保护根部。覆盖物也可以用来抵御轻度霜冻，有利于控制杂草的生长。有各种各样的物质可供选择：质地疏松的有机物，如没有完全腐熟的培养料或粗糙的树皮碎屑；不易分解的覆盖物，如玻璃或碎石片、砾石或卵石。后者还可以使花盆看起来更迷人，而带尖儿的砾石对滑动的蛞蝓和蜗牛就没什么吸引力。对于生长缓慢、需要长时间维护的植物，如果树，必须进行地面覆盖，但如果种植的是多叶植物、莴笋和草本植物这种生长迅速、能很快成熟的植物，或者能摊开并覆盖培养料的植物，则不必进行地面覆盖。

无论选择哪种护根物，在覆盖之前一定要

给植物浇水。覆盖深度不宜超过植物基部周围 7 厘米高。

浇水

所有种在容器中的蔬菜和水果要想正常生长和发育都需要定期适当浇水。坚持浇水很重要，因为浇水太多或太少都会导致植物不正常的生长。因为容器侧面表面积较大，比传统的土质苗床干得快得多。同样地，如果容器排水不好，就会积水，导致叶片变黄和下垂。用手指揉擦查验培养料，是确定干、湿的最好方法。

雨水不能为植物提供足够的水分——雨点经常会从叶片上反弹开，使下面的培养料很干燥。虽然可能偶尔错过浇水，植物也能侥幸存活，但总有一天，你的植物将不能再复原，养成适当浇水的习惯很重要。要记住，有些植物更喜欢浇雨水，考虑到节约用水及保护地球的理念，应尽可能用水桶来收集雨水，或安装一个集雨桶。

应使用洒水壶伸到植物基部最需要水的地方，慢慢地浇透水。确保培养料湿透而不是被淹。喷洒少量的水没有什么用，淹没某一区域则会在水分流失的同时引起培养料和其中营养物质的侵蚀。在较大的容器中，可能会发现，一旦植物生根，水就很难进入其中。所以，可以考虑放入一小段细管子，在幼苗之间处钻孔（通常在接近中心处），这样就可以直接在管子里放水，在不损坏植物的情况下浇在最需要水的地方——这对于需要大量水的植物，比如西红柿和黄瓜，是一种极好的方法。

在炎热、干燥的环境中，根据种在什么地方和什么样的容器中，可能需要每天给植物浇水两到三次，如陶土盆是多孔材质，它比釉面盆干得更快。如果很难做到，那么当不能随时去浇水时，可以试着为容器遮阴。此外，还可以利用自浇水容器，有利于减少植物对水的需求，也可以尝试在种植前将保水性颗粒混在培养料中。如果发生了最坏的情况，植物完全干枯，可以将其浸泡在一桶水中，直到培养料完全湿透。接着排干水分，避开强烈的阳光一两天，直到恢复为止。

最佳的浇水时间是早上，在太阳变得太猛烈导致水分蒸发之前，水就能被植物吸收。不要在太阳太强的时候浇水，否则叶片会被灼伤。如果浇水的时间太晚，空气中的水分较多会招引昆虫，很有可能引起害虫的扩散。

作物防护

幼嫩的植物很容易受到恶劣天气的影响，也很容易成为鸟类、昆虫、蜗牛之类的户外生物垂涎的美食。有许多措施可以为植物提供防护，也可以在园艺品店发现若干应对措施。钟形罩是常用的遮盖花盆的工具，你会发现它们的特制玻璃或塑料拱形结构大小不一，可以直接逐个盖在植物上。如果只是为了防治虫害，可以买网眼布或起绒布覆盖物盖在框架上。花园用的起绒布可以作为一种柔和的覆盖物，保护刚刚播下的种子或娇嫩的叶片和花朵，还可以帮助培养料保温以便于发芽，不过雨水和阳光可以渗透进去。较厚的起绒布覆盖层可以起到遮阳的作用，抵御强烈的阳光和大风，但如果这些恶劣天气反复出现，可能需要使用更牢固的篱笆或屏障。无论是通过在植物上覆盖或覆盖在框架结构上，花园网眼布都有助于控制鸟类和有害动物的活动。

至于蛞蝓和蜗牛，这是个人喜好的问题——市面上有比较人性化的捕捉器，但通常可以在栽种时在幼苗周围撒一些蛞蝓药，这是最低廉、最简单的解决方法。可以将买来的铜箔胶带放在花盆的底部，作为驱虫药，而所有滑溜溜的生物都不喜像长而尖的沙砾这样的覆盖物。

似乎是一种浪费，但某些植物会耗尽培养料中一些特定的营养物质，转而使得下一茬植株的生长发育变得越来越困难。

有了世界上最好的心愿，奈何有时植物还是会受到侵害，在这种情况下，可以试试各种各样的化学处理方法，不过也有一些有机化合物对此有效。可以有机地结合使用鱼藤粉、硫磺粉和钾皂喷雾，但这些有机物需要定期施用，而且只有在接触到实际的害虫或疾病时才能发挥作用。另一种有机方法是间作，其中某种植物可以起到驱避或吸引的作用，从而帮助紧挨着种植的其他植物，无论哪种方法都可以防止虫子在你之前享用你种的农作物。在旁边种植大蒜和薄荷等气味浓烈的香草，可以赶走胡萝卜茎蝇等害虫，而欧芹则有助于防止洋葱蝇的侵害。有人认为迷迭香的气味有助于防止雌性根潜蝇产卵，所以可以在卷心菜、胡萝卜和芜菁旁边种植若干。一些显花植物可以用来移转蔬菜生长中的害虫，例如旱金莲可以吸引蚜虫和毛虫，在旁边种植金盏花和荷包蛋花，可以吸引草蛉虫、飞蝇和瓢虫，这些虫子转而又以蚜虫为食。万寿菊也可以帮助使白粉虱远离作物。

常见的病虫害及应对方法

- **蚜虫类（黑蝇和蚜虫）** 春季和夏季常见的害虫。黑蝇会阻碍植物的正常生长，啃食花朵，使豆荚扭曲变形。形成四组花束后，应把蚕豆的生长点掐掉。因为蚜虫可以携带病毒，并在作物表面覆盖厚厚的、黏稠的露汁，故而在干燥的春天和炎热潮湿的天气里，蚜虫的危害会变得更重。实际上这两种蚜虫都不能完全控制，但喷洒适当的杀虫剂能有助于预防其发生，也可以尝试间作进行防治。
- **鸟类、老鼠和松鼠** 当其他食物来源匮乏时，幼苗和柔软的叶片就会招来鸟类、老鼠和松鼠。应安装铁丝网并将其固定好，确保没有

▲ 用花园起绒布保护苹果花

害虫防治

作物在室内和室外都可能遭受虫害或疾病的侵扰。日常小心养护是最重要的防虫防病的方法。要定期检查植物，经常拔除容器内培养料表面的杂草；及时清除已经患病的植株，以及患病植株的残余物，以减少再次感染的风险。如果已经有了严重的病害，应确保清除盆栽内所有的东西，包括培养料，以避免再次感染日后使用该容器种植的作物。种植新作物时，最好使用新鲜的培养料，这可以确保植物在生命中有一个最好的起点，而不会受到前茬作物留下的潜伏在培养料中的病虫害的影响。这样做

这类动物能进入的地方。可以试着把惊鸟器塞进花盆及四周。

■ **灰霉病**　能感染所有的浆果，在果实上覆盖一层密集的、灰白色的霉菌，在潮湿的条件下造成水果的腐烂。可以使用杀菌剂解决这个问题。

■ **褐腐病**　一种真菌病害，可以感染许多树木的果实，在果实上出现褐色的擦伤斑块和白色的真菌环。常见于夏季和储存期间。应丢弃所有受损的果实，并在修剪时除掉枯枝。

■ **甘蓝根花蝇**　这种病害的症状表现为新种植的幼苗叶片萎蔫，略带蓝色。可以使用杀虫剂防治。可以在移栽前在幼苗茎的基部放置专用的圆盘并安装细密的防护网能阻止花蝇产卵。

■ **溃疡病（1）**　可以感染根菜，使其变黑并导致腐烂。应拔除和销毁带病的植株。选择抗病品种的植株种植。

■ **溃疡病（2）**　可以侵蚀树干和树枝，从而感染果树，导致树皮皱缩，露出内部。最严重的是细菌性溃疡病，可以感染樱桃树和李树，导致从树枝内部渗出胶状物质。可以使用化学药剂进行防护，但应寻求专家的建议。

■ **胡萝卜茎蝇**　这种虫子会在叶片上产卵，生的蝇蛆会钻到果肉里，引起根系腐烂。应销毁感染胡萝卜茎蝇的块根。在干燥条件下虫害会加重。

■ **毛毛虫**　从 4 月到 10 月炎热的天气里，这种虫子会在叶片上啃出小洞。可以使用杀虫喷雾剂防治。检查叶片的顶部和底部是否有卵，将发现的卵除去并压碎。可以在农作物上盖上细密的网，防止虫子产卵。

■ **萎黄病**　在嗜酸植物上表现为叶片泛黄，这是由于 pH 值过高引起的。应在种植前检查培养料的酸性水平，可以使用杜鹃花科植物培养料来增加酸度。用雨水浇水，还要避免使用含有石灰的肥料。

■ **根肿病**　能引起十字花科植物的根部肿大。应销毁所有感染根肿病的植株。改善培养料的排水系统，如有必要，也可以撒些石灰，帮助降低引发疾病的风险。选择抗病品种。

■ **苹果蠹蛾**　这是一种在仲夏时节以果核周围的果肉为食的毛毛虫。可以用诱捕器在飞蛾产卵前诱捕。可以用化学喷雾剂防治。

■ **跳甲**　这是一种非常常见的害虫，会在各种绿叶蔬菜的叶片和叶梢留下小洞，但不影响农作物的食用品质。如果想使用杀虫剂，也无不可。

■ **霉病**　霉病一般有两种。霜霉病：在潮湿或凉爽的天气里，叶片上出现黄色斑点，下面有褐色霉斑，会导致豆荚扭曲。粉霉病：在干燥的天气，遮阴植物的叶片、豆荚和果实上出现白色斑块。两种霉病都可以用化学喷雾进行防治。另外，还应销毁感染的植株。

■ **黄瓜花叶病毒**　这是一种常见的由蚜虫传播的严重病害。植株染病后表现为叶片起皱，呈现斑驳的黄色和深绿色，感染的植株枯萎

▼ 蚜虫：绿色的、凶狠的进食"机器"

后死亡。应销毁感染的植株，然后清洗双手和使用过的工具，防止病毒的传播。为防止这种疾病的发生，可以采取抗蚜虫的防治措施。

■ **洋葱蝇** 这种蝇类会在所有的葱属植物上产卵。当蝇蛆孵化时，会把鳞茎和茎部变成烂糊状。这种虫害通常发生于 5 月到 8 月之间，特别是受伤的叶片容易受影响。尽可能避免间苗，并销毁感染的植株。

■ **洋葱白腐病** 这是一种感染葱属植物的真菌性病害。在葱属植物生长过程中形成银耳，并迅速引起腐烂。应销毁受感染的植株。

■ **豌豆蓟马** 这是一种黑色或黄色的小虫，它可以在叶片和豆荚上留下银色的斑块。干燥炎热的天气下虫害会加重。可以使用化学喷雾应对，另外，应销毁感染的植株。

■ **马铃薯疫病** 这是指有关植物的叶片变成黄褐色，并开始卷曲，导致马铃薯腐烂，最后变成烂泥状的一种病害。应寻找抗病品种种植。要在新鲜的培养料中种植土豆。

■ **覆盆子甲虫** 这是一种很小的淡褐色甲虫，以 5 月底的覆盆子、黑莓的嫩叶和鲜花为食。可以喷鱼藤酮或者化学药剂防治。

■ **棉红蜘蛛** 这种蜘蛛会危害所有室内和室外的水果。它会吸取叶片的汁液，留下白色的斑点，使叶片变成褐色。在炎热的天气里尤其普遍。它的天敌是瓢虫，瓢虫通常有天然的害虫防治作用，另外也可以使用化学喷雾防治。

■ **根蚜虫** 它会危害绿色蔬菜的根系，在上面覆盖白色粉状受损物，在干燥的天气条件下特别严重。应销毁受感染的植株。保持植物水分充足可以减少虫害发作的风险，同时应设法寻找抗虫品种种植。

■ **蚧壳虫** 这是一种位于室内植物叶片下方的扁平圆盘状虫子，在叶片和茎上留下一层黏稠的露汁，会导致植物最终停止生长。可以

▲ 金盏草和旱金莲可以作为天然的害虫导向器，而且它们看起来也很漂亮

使用化学喷雾进行防治，同时也应该施用在邻近的植物上。

■ **银叶病** 这是一种真菌病，会感染许多水果，尤其是李子。感染的植株叶片变成银色，上表面脱落。感染的树枝呈现褐色斑点。为了降低感染银叶病的风险，不要在休眠期进行修剪。

■ **蛞蝓和蜗牛** 它们通常在潮湿的夜晚危害多肉的叶片和根系，留下黏滑的痕迹。可以使用药丸或蛞蝓诱捕器。

■ **紫纹羽病** 这种病能导致叶片黄化，但通常只有根受到影响，拉扯时可见一团紫色的线状物。应销毁感染的根系。

■ **黄蜂** 黄蜂很难防范，但可以试着在果实过熟之前采摘，并清除腐烂的果实。可以在别处放置蜂蜜诱捕器，让黄蜂远离果树。

■ **粉虱** 这种害虫会在炎热干燥的天气里繁殖得很快。它可以危害所有植物，但较喜欢十字花科植物和西红柿，通常以植物的汁液为食。可以使用化学药剂或肥皂制剂喷雾防治，或者也可以尝试间作。

蔬菜、香草和水果

在接下来的章节中，我会重点介绍一些可以在容器中种植的最流行、收效最佳的作物。希望你能享受自己种植盆栽的快乐。

大蒜

(*Allium sativum*)

几个世纪以来，大蒜一直被视为独特的调味品，在地中海国家尤其如此。大蒜是理想的容器栽培作物，因为只要一点点投入就可以有很多收获。没有大蒜的厨房会非常无趣，它是许多菜肴的重要调味料。有很多品种的大蒜可供选择：从温和、带甜味的到浓重的、强烈的口味，从很小的到巨大的鳞茎，还有白色、粉色和紫色的品种之别。大蒜可以鲜食（蒜苗），也可以晒干，能储存较长时间。

种植大蒜的另一个原因是它独特的香味能防治很多害虫，所以种植大蒜对其他作物来说成了天然的驱虫剂。应从苗圃或园艺品店购买种蒜，不要从蔬菜水果商那里购买，以确保购买的种蒜没有病害、适合栽种环境。

种植和选址

■ 早春，选择蒜瓣饱满的球茎。剥去鳞茎上的薄皮，分成单独的蒜瓣，扔掉较小的蒜瓣。（图1）
■ 用挖洞器或泥铲在容器中挖穴，为每个蒜瓣挖一个 2.5 厘米深的浅穴，每个穴相距 10 厘米。
■ 种下蒜瓣，平底面朝下，用培养料覆盖到蒜瓣的顶端。（图2）
■ 把容器放到阳光充足的地方。
■ 随着鳞茎生长发育，如果叶片开始零乱地弯曲和下垂，可以用绳子将其绑在一起。

维护

■ 坚持给容器除草。
■ 干旱期浇水。

可能出现的问题

大蒜种植通常没有什么问题，但可能会感染葱属植物常见的真菌或病毒病（见第 17 ~ 19 页）。

收获、储存和冷冻

当夏末叶片变黄并开始枯死时，把大蒜挖出来，如果置留时间过长，大蒜鳞茎就会干枯。应小心地用园艺用小叉子把鳞茎挖出来，以免植株受损。天气干燥时，应把鳞茎在阳光下彻底晒干，最好覆盖一层稻草或园艺用起绒布——阳光充足的窗台是最理想的。等晾晒干燥后，除去培养料和较长的根系。可以把干的叶子编成束状蒜辫；如果想去掉叶子，可以把鳞茎放在网袋或托盘里，把叶子丢弃。应储存在阴凉、干燥的地方（厨房太热、太潮湿，不适合储存）。如果储存得当，干蒜可以保存几个月。保留一些优质的鳞茎，来年再种。另外，也可以在蒜苗青翠时食用，享用其淡淡的大蒜味。

　　长时间的冷冻会使大蒜的风味变差，所以最好在新鲜的时候食用。如果一定要冷冻蒜香食物，一定要包装好，避免食物之间串味。

▶ 第106～137页使用的农作物

盆栽快速入门

容器　适用于深度最小为20厘米的大型容器。

种植　从2月下旬到早春用专门备好的种蒜瓣。

位置　阳光充足的地方。

土壤　轻质、非酸性培养料。

收获　夏末。

韭葱

(*Allium porrum*)

像葱属的其他作物一样，几百年来，韭葱也一直是很受欢迎的蔬菜，尤其是在其他自家种植蔬菜稀缺的冬季。这种作物易于种植、生命力强，有很多冬季生长的耐寒品种及夏末的早熟品种。夏末成熟的品种高大纤细，而耐寒的品种通常比较粗壮或叶片为蓝绿色，此外还有一些中间成熟的品种可供选择。韭葱充分成熟，需要很长的生长季节，但是如果空间比较有限，也可以将幼嫩、铅笔样细长的韭葱作为美味的晚春蔬菜食用。韭葱可以播种，也可以栽种已长成的幼苗。

种植和选址

- 因为韭葱需要很长的生长季节，所以到了季节就应尽早种植。需要有两个户外容器。3月下旬，培养料能挖动并且温度回升至足够发芽时，在室外的容器中挖一个1厘米深的穴，然后薄薄地播下韭葱种子。

- 当幼苗长到大约10厘米高时，就可以移植到选好的容器里了。

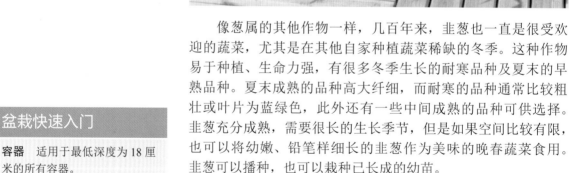

小心地将幼苗从生长的容器中取出，并修剪叶端和根系。（图1）

■ 用挖洞器在要移入的容器里每隔15厘米挖一个10厘米深的穴，如果想要较小、较细的韭葱，可以将穴挖得更近一点。把韭葱幼苗植入穴中。（图2）

■ 无需更换培养料，只需浇满水，让培养料自然地在根部周围沉降。随着时间的推移，种植穴会自然地被填满。（图3）

■ 对于已经育好的幼苗，请按照图1到图3进行操作。

维护

■ 保持容器不生杂草。

■ 确保在干燥的天气里给韭葱充分浇水。

■ 随着植株的生长，逐渐地把培养料施用在茎的下部，使其保持白色。

可能出现的问题

　　一般来说，韭葱没有太多问题，不过容易受到葱属植物病虫害的影响（见第17～19页）。

收获、储存和冷冻

　　韭葱最好在长得太大之前收获，中心处大约2厘米时最理想。较早采摘有助于延长收获季节。使用小泥铲或小园艺手叉小心地弄松周围的培养料，将韭葱从容器中取出，避免拔出来的时候将其弄断。韭葱可以储存在户外的培养料中，冬天需要时拔出来即可。若要储存在户外，可以在一个较深的花盆中将培养料装到半满，把韭葱拔起来，搁在盆的一边。另外取培养料盖在根系和白色茎上，轻轻地压实。待需要时取出韭葱食用。

　　冷冻时，应切掉根部，把叶片的尖端切下，去掉太硬或受损的外层叶片。把茎从中间对半切开，掰开叶片。用冷水冲洗，冲掉残留的培养料。用力甩一甩，去除多余的水分。将其切成2.5厘米长的段。焯水2分钟，冷却并晾干，最后装进硬质容器或冷冻袋，可以储存12个月。韭葱一旦被冷冻，就会变得柔软多汁，所以在烹饪时使用融化的韭葱汁液增香提味是一个好办法。

▶ 第108和126页使用的农作物

洋葱

火葱 (*Allium cepa* Aggregatum group)

小葱 (Spring onion)

洋葱是一种在厨房里使用得非常广泛的蔬菜，不过，有些品种需要很长时间才能成熟。为了更快地周转空间，可以试试生长较快的火葱和小葱，而不要种大洋葱。青葱最好是用仔葱种植——用上一季播种培育出的柔嫩的鳞茎。火葱成簇生长，每簇约五个小鳞茎，种植的时间比其他种类的洋葱都要早。小葱是播种或用幼苗栽培，是洋葱家族中最精细、生长最快的植物；如果种植得早，最短可以在 8 周内进行收割。在冬末，可以在各种种子商和园艺品店买到火葱仔葱。

种植和选址

- 在 2 月或 3 月，可以直接把火葱仔葱种植在室外选择好的容器里。应将仔葱种植在轻质培养料中。（图 1）
- 把种球放进培养料中，埋起来四分之三，只将鳞茎的顶端露出培养料，间隔 15 厘米。（图 2）
- 小葱的种植一般在仲春时分，在户外的容器里大约 1 厘米深

盆栽快速入门

容器　所有品种都适用于最小深度为 15 厘米的容器。

种植　在 2 月到 3 月用仔葱种植火葱；小葱则是从仲春到七月均可播种。

位置　开阔处。

土壤　轻质、非酸性培养料。

收获　盛夏（火葱）；5 月底开始（小葱）。

处条播，薄薄地撒播种子，接着每隔三到四周播种一次，以便直到 7 月都能连续收获。

■ 如果种得很好就没有必要间苗。（图 3）

维护

■ 重新种植移位的鳞茎。
■ 坚持铲除容器中的杂草。夏初必要时浇水。为了防止小葱的叶片变老，最好让它长快得一些，所以应经常浇水以促进其生长。
■ 生长过程中，如果葱开始弯曲，变得凌乱不堪，可以用绳子把葱叶绑在一起。

可能出现的问题

相对来说没什么问题，不过会受到一些葱属植物病虫害的影响（见第 17 ～ 19 页）。

收获、储存和冷冻

火葱通常在 7 月和 8 月收获。植株枯死时，把成串的鳞茎拔起，晾几天。挨着铺在深度较浅的盒子或托盘里，内衬报纸，放在干燥、温暖的地方进行后熟。根据品种和储存条件的不同，后熟需要几天到几周的时间；完全成熟时，外皮干透变成薄纸样。要小心，不要擦伤火葱，保留枯萎的叶子，以便于捆成束挂起来。

小葱不容易储存，最好在收获后尽快用完。当小葱长到 20 厘米高时，按需扯出。如果要储存，应清洗干净，在冰箱中可以保存两到三天。小葱不必冷冻，因为小葱可以供应相对较长的时间。

火葱通常在新鲜时食用，但如果确实想冷冻，应剥皮、切碎，然后放在冷冻袋或小容器里，密封好，在袋子或容器的外面包上一层保鲜膜，以防止散发出气味。另外，也可以去皮，保持火葱完整。焯水约 3 分钟，冷却干燥，然后包装并冷冻。应在冷冻后的 6 个月内食用完。如果是已经切好（去皮并切碎）的火葱，可以直接将其加入锅中，而整个火葱最好半解冻后再像新鲜的那样烹饪。火葱一旦冷冻就会变得很软，所以可以在菜中使用融化的汁液来增香提味。

▶ 第106～137页上使用的农作物

胡萝卜

(*Daucus carota*)

刚从地里拔出来的自家种植的胡萝卜比你在外面买的更好吃。胡萝卜生长迅速，窗槛花箱和较浅的容器里最好选择圆的、矮生的和粗短的品种种植。在选择品种之前，应察看根系的生长状况与容器的深度；一些品种对胡萝卜茎蝇有抗性，可以考虑种植这类品种的胡萝卜。

种植和选址

- 胡萝卜最好播种，直接一排排地播种到容器中即可。在窗槛花箱或沟槽式容器中很容易栽培。
- 当户外培养料升温到7℃并且没有霜冻的风险时，可以将胡萝

盆栽快速入门

容器　矮化品种最适合在最小深度为20厘米的窗槛花箱或小盆里种植。

种植　通常在仲春到初夏播种栽培，也可以在春末或夏末购买幼苗进行种植。

位置　开阔的环境。喜欢温暖但不过热的环境。

土壤　排水良好的轻质培养料，此外无需额外的肥料。

收获　初夏之后。

卜种子种植在户外的容器里。在这个时期不要施肥，因为可能会导致根裂。选择一个阳光充足的地方放置容器，1厘米深条播，尽可能薄地撒胡萝卜种子，再在上面筛一层薄薄的培养料。在宽大的容器中，每排之间应留15厘米。（图1）

- 为了能连续收获，等第一批种子开始发芽后就再播一排种子。
- 当幼苗长到足够大，可以处理时，进行间苗，间苗距离大约5～8厘米。丢弃间出的苗。这个过程应该小心，因为受伤的叶片可能会招来胡萝卜茎蝇。（图2）

维护

- 保持无杂草的状态，但注意除草时不要损伤叶片，以免招来胡萝卜茎蝇。
- 必要时可以用较低的网状栅栏来保护幼苗，以防治胡萝卜茎蝇，但这种栅栏很难安装。或者，可以考虑间作，把花盆放在种植的薄荷或大蒜附近（见第17页）。（图3）
- 如果天气比较干燥，应认真地浇水，但要注意，浇水太多也容易导致根裂。

可能出现的问题

主要害虫是胡萝卜茎蝇和紫纹羽病（见第17～19页）。

收获、储存和冷冻

根系较短的早熟胡萝卜品种在6月到7月就可以拔。从土里挖出来后最好尽快食用，因为小胡萝卜很快就会枯萎。较大的胡萝卜可以在冰箱中保存三到五天。

可以将刮去土的胡萝卜整个冷冻：只需将胡萝卜叶和纤细的根端修剪干净，然后用菜刀在冷水中将胡萝卜刮洗干净即可。用蔬菜削皮器将较大的胡萝卜薄薄削一层皮，切成所需形状。根据厚度的不同，焯水2～3分钟，沥干后冷却。可以放在托盘上开放冷冻，以便日后包装，也可以直接装入冷冻袋或硬质容器中冷冻，这样可以保存长达12个月。食用时将冷冻状态的胡萝卜置于沸水中烹煮5分钟，或直接加到汤和炖菜中。

▶ 第111和126页使用的农作物

土豆

(*Solanum tuberosum*)

土豆最适合用容器种植，应使用园艺品店或种子商处购买的无病的种薯种植。根据土豆的种植和收获时间，可分为两类：早熟土豆仔和主要农作物。"早熟种"又进一步分为第一档早熟种和第二档早熟种。不同的品种有不同的烹饪特性、口味、口感和颜色，所以应考虑自己的需求而决定种哪一个品种。通常，选择早熟品种比较明智，因为这种品种往往风味更浓郁，也更快成熟。可以买到专门种植土豆的容器，不过，也可以使用别的东西，只要足够深并且可以遮挡阳光即可。

种植和选址

- 种薯在种植前需要先催芽。把土豆放在模块里（或蛋盒里），最圆的一端朝上，这样所有的芽都能向上长。放置在阴凉、无霜冻、光线明亮的地方，但不应直接暴露在阳光下。几周后就会萌生出短的嫩枝。长到 2.5 ～ 5 厘米时，就可以开始种植了。最早熟种要在早春种植，因为可能发生霜冻，所以应选择掩蔽的、阳光充足的地方。次早熟种在两周后播种，主要作物更晚一些。（图 1）
- 用培养料装填容器至大约 18 厘米处，小心地在每个大容器中放入两到三个块茎，间隔大约为 12 厘米，芽向上。较小的花盆里可以种植一个土豆，便于一次收获一盆。（图 2）
- 覆盖一层大约 12 厘米深的培养料。
- 出芽后，另外取一些培养料覆盖其上，直到装满容器。
- 当幼苗长到容器的最高处时，需要在植株的茎部培土（方法

盆栽快速入门

容器 适合种在最小深度为 30 厘米、宽度为 30 厘米的容器中。

种植 从早春到晚春用种薯播种，视品种而定。

位置 开阔、阳光充足、无霜冻风险的地方。

土壤 肥沃、排水良好的培养料，无需额外施肥。

收获 夏初开始，视品种而定。

见第 15 页），防止块茎暴露在阳光下，变绿并产生有毒物质。
应丢弃变绿的块茎。（图3）

维护

- 随着植物的生长，应不断进行"培土"。
- 天气干燥时要浇水，特别是早熟种。一旦块茎开始形成，浇水就变得很重要。

可能出现的问题

枯萎病是最大的问题，蛞蝓也可能对土豆构成危害（见第 17 ～ 19 页）。

收获、储存和冷冻

土豆不耐寒，应在第一次下霜前挖起来。早熟的土豆品种在种植大约 12 周后就可以收获了。土豆不宜储存，最好在新鲜时食用。在较大的容器里，用园艺用手叉小心地挖至块茎的下面，将其撬出来，同时拉扯植株。对于较小的容器，先在地上放塑料布，倾倒花盆，再把植株撬出来，接着就可以散开土豆的根系进行采收了，最后把残余植株拾起来，以便清理。

主要作物土豆品种一般于秋天收获。在收获前两周把叶子去掉，以便使种皮变硬。选择一个较为干燥、温暖的日子收割，然后让土豆风干几个小时。应丢弃破损或染病的土豆。然后用厚牛皮纸包装袋或麻布袋装满，把袋口绑起来，放在干燥、凉爽、无霜冻的暗处，可以储存三个月。应该让袋子保持空气流通，防止光线进入。还需经常检查是否发生腐烂或霉变。

冷冻时，应该先将整个的新鲜土豆煮熟、捣碎，烤熟或带皮烤熟。所有这些加工后的土豆都应冷却、包装后，进行冷冻，这样可以保存 6 个月，之后解冻后再重新加热。生的马铃薯可以切成薯片进行冷冻：生薯片在沸水中焯 1 分钟，沥干后迅速冷却。开放冷冻至呈固态，然后装入冷冻袋。密封，贴上标签，也可以储存长达 6 个月。食用时，解冻后在热油中烹调即可。

▶ 在第110、118、125和126页使用的农作物

萝卜

Brassica napa Rapifera group

包括甜菜(*Beta vulgaris*)

早熟和矮生萝卜品种生长迅速，可以在果实幼嫩时采收，所以如果空间不足也无妨。可以种在晚熟块根植物之间，在其他作物成熟之前就可以采摘。在一年中其他植物还在生长的时候，这种植物能为我们增加一些非常令人期待的颜色，也可以采摘鲜嫩的叶片，像菠菜一样进行烹饪。种植盆栽甜菜，应选择小而圆的品种，或球形品种；可以夏秋两季食用，擦碎的生的甜菜或煮熟的甜菜都可以做成沙拉和热菜。小的甜菜叶可以摘下来做沙拉叶，生吃可能会有点泥土味。萝卜和甜菜通常播种栽培。

种植和选址

- 甜菜种子通常成簇状(整株干燥的甜菜)，像小块的软木。有时，你也可以发现单粒种或仅有一粒的甜菜种子。甜菜种子应浸泡几小时后再播种，以加速发芽。(图1)
- 在没有霜冻风险的情况下，应在室外种植甜菜种子。约在2厘米深处进行条播，间隔约5厘米播下种子。

盆栽快速入门

容器 适合种植于所有最低深度为25厘米的容器中。

播种 从春季到仲夏播种。

位置 在阳光比较充足的地方(萝卜和甜菜)；避免温度过热与阳光过强的环境；避免霜冻(甜菜)。

土壤 肥沃、非酸性的培养料(萝卜和甜菜)；排水良好(甜菜)。

收获 仲夏至夏末采收(萝卜)；仲夏至秋天首次下霜前采收(甜菜)。

- 对于早熟和矮化品种的萝卜，可以在户外容器中 1 厘米深处进行条播，然后尽可能薄地播下小圆种子，再在上面撒上一层薄薄的培养料。如果容器足够大，应在每行之间留出 18 厘米。在整个夏季每隔两周播一次种，就可以持续收获小萝卜了。
- 当两种幼苗长到都足够大，可以处理时，进行间苗，间距大约 7 厘米。丢弃间出的苗。

维护

- 小心除草，以免损伤正在生长的根系。
- 应适当浇水，促使植株快速生长，防止根系变干。
- 可能需要通过架设防护网或其他保护设施，保护幼苗不受鸟类侵害（参见第 16 ～ 17 页）。（图 2）
- 可以试试用起绒布遮阴，因为强烈的阳光会导致叶片枯萎。

可能出现的问题

萝卜容易感染十字花科植物的病虫害，如跳甲和根肿病（见第 17 ～ 19 页）。甜菜通常没有什么问题。

收获、储存和冷冻

这两种块根作物应尽快采收，不要等它们长得太大了；为了使口味和口感保持最佳，块根的大小不宜小于高尔夫球，也不宜大于网球。可以在需要时直接从容器中拔出并尽快食用。在冰箱里能储存两到三天：把块根放在一壶水里，留着叶片，效果最好。小心不要损伤甜菜种球，否则会渗出汁液，留下污渍。（图 3）

要冷冻萝卜，应选择块根较小的，并切掉叶尖和根端。洗净后焯水 2 分钟，沥干，冷却，接着装入硬质容器或冷冻袋，这样可以储存 12 个月。食用时从冰箱中拿出，将冷冻状态的胡萝卜直接烹煮 8 ～ 10 分钟即可。

冷冻甜菜，应选择根茎较小的。清洗干净，注意不要伤到表皮。不用去皮，直接放入炖锅中，用水浸没甜菜，烧开后煮 1 ～ 2 小时，视大小而定。用冷水冲洗，小心擦去表皮，然后装进冷冻袋。块根较大的最好先切成薄片再冷冻。放在冰箱里可以储存 6 个月。食用前解冻 4 ～ 6 小时。

▶ 在第 118、126 和 137 页使用的农作物

西兰花和花茎甘蓝

Brassica oleracea Cymosa group & *B.oleracea* Italica group

现在，这些常见的味道清淡的绿色蔬菜已成为我们日常饮食中经常吃的食品，其营养价值也比较高。要留意早熟品种，因为传统品种的生长时间较长，在有限的空间内恐怕并非最佳选择。西兰花和花茎甘蓝性喜肥沃的土壤，富含"绿肥"的培养料是最理想的。这些植物需要经常浇水才能成熟，用种子播种或幼苗栽培而成均可。

种植和选址

■ 西兰花和花茎甘蓝可以直接在户外的容器中播种。需要有两个单独的容器。如果室内有空间，可以在模块中育苗，等长到足够大时再栽植在户外。

■ 确保培养料肥沃，温度高有助于种子发芽。轻轻地压实，在1厘米深处条播，薄薄地下种。

■ 生长过程中需要进行间苗，苗距应保持在5厘米左右。如果在室内种植，一个模具种一株苗。丢弃间出的苗。（图1）

■ 当植株长到15厘米高时，就可以移植到选好的容器中了。要选择最强壮的幼苗移植。

■ 使用挖洞器为每棵幼苗都挖好足够深的穴，并用工具或手夯实。在较大的容器中，幼苗应该间隔25～30厘米，这主要取决于品种。浇透水，轻轻地把白菜圆盘固定在茎上（见第37页图2）。（图2）

■ 如果是已经育成的幼苗，可以单独种植，也可以种在上面提到的大容器中。

维护

■ 小心地松土，保持容器内不长杂草。

■ 如果鸟类对植株构成危害，应安装一些网状材料或其他保护设备（见第16～17页）。

■ 充分浇水，干燥的天气尤其应该如此。使用护根物会有所助益。

■ 如果卷心菜蝶对植株构成危害，试着用起绒布进行防护。另外，要避免强烈的阳光直射，以免造成叶片枯萎。

■ 在种植季中期施用含氮丰富的液体肥料。

■ 在植物生长过程中，为防止害虫和疾病的侵袭，应除去泛黄或受损的叶片。

可能出现的问题

跳甲、根肿病和毛毛虫（见第17～19页）。

收获、储存和冷冻

仲夏至夏末，花蕾翠绿紧闭时，剪下早熟花茎甘蓝的头状花序，留 2.5 厘米的茎。一旦主花茎被切断，侧枝就会生长，一些品种就会结出更多的头状花序。应在花未开时进行收割。

青花菜应该连着 10 ～ 15 厘米的茎切下，整个都可以用于烹饪。剩下的植株应该修剪到刚好在一对侧枝上，以促进新枝的生长。刚采摘的花蕾可以像花束一样放在水里，在冰箱里可以存放 2 ～ 3 天。

冷冻时，用冷水仔细清洗，去掉叶子，削掉或剥去茎上粗糙的部分，切成小块。根据大小，焯水 1 ～ 3 分钟。沥干并冷却，再在托盘上敞开冷冻，然后放入冷冻袋或硬质容器，这样可以保存 12 个月。食用时冷冻状态置于沸水中烹煮 5 ～ 8 分钟即可。

▶ 第108和116页使用的农作物

盆栽快速入门

容器 早熟品种最适合在最小深度为 25 厘米的花盆中生长。

种植 早春至晚春播种。在晚春买幼苗种植。

位置 开阔的环境。西兰花非常耐寒，但花茎甘蓝不耐霜冻。两种作物都要避免温度过热与阳光强的环境。

土壤 肥沃、排水良好的非酸性土壤。

收获 仲夏至夏末。

卷心菜和
羽衣甘蓝

(Brassica oleracea Capitata group)

(Brassica oleracea Alcephala group)

盆栽快速入门

容器 紧凑品种最适合种植在最低深度为 20 厘米的花盆或窗槛花箱中。

种植 仲春到初夏播种种植，视品种而定。在春末或夏末购买幼苗进行种植。

位置 开阔的环境；凉爽或温暖的地方；避免温度过热与阳光过强的环境。

土壤 肥沃、排水良好的非酸性培养料。

收获 仲夏至秋季，视品种而定。

最适合容器种植的卷心菜和羽衣甘蓝是紧凑型春卷心菜和矮生羽衣甘蓝品种。辛勤耕种会让你更快得到回报，而且做菜用的叶片颜色更淡，味道更美，蒸菜或炒菜都很棒。如果想在一年中较冷的季节里种植，那么可以考虑在较大的容器里种冬卷心菜。羽衣甘蓝是所有芸苔属植物中最耐寒的，一般认为霜冻后其味道会更好。

种植和选址

■ 大多数种类的卷心菜和羽衣甘蓝的种植方法都很相似，但是种植的时间根据品种而有所不同。如果播种种植，两者都可以直接在户外的容器中播种。注意需要有两个容器。

■ 如果室内有空间，可以在模块中播种，等长到足够大时就可以移植到户外了。

■ 应确保培养料肥沃，温暖的条件有助于种子发芽。轻轻地夯实培养料，在 1 厘米深条播，薄薄地将种子播下去。

■ 随着幼苗的生长，需要进行间苗，苗距应保持在 5 厘米左右，或每个模块种一株。丢弃间出的苗。（图 1）

■ 当植株长到 12 厘米高时，就可以移植到选好的容器中了。应选择最强壮的幼苗移植。

■ 使用挖洞器为每株幼苗挖一个足够深的穴，然后小心地用工具或手压实。在较大的容器中，较小植株之间的距离约为25～45厘米，具体取决于品种。浇透水，轻轻地把白菜圆盘固定在茎上。（图2）

■ 如果是育成的幼苗，可以逐个种植，也可以种在上面提到的大型容器中。

维护

■ 保持容器内无杂草。

■ 如果鸟类构成危害，可以架设一些防护网或其他防护设施（见第16～17页）。

■ 在干燥的天气给幼苗浇水，要勤浇水，直到幼苗生根。羽衣甘蓝尤应如此，要定期浇水，以免妨碍生长。

■ 在生长中期施用含氮丰富的液肥。

■ 夏天，如果卷心菜的叶子开始变松，就用拉菲草或细绳将其捆起来。

■ 如果卷心菜蝶对植株构成危害，试着用起绒布进行防护。也要防止晒伤，因为强烈的阳光会导致叶子枯萎。

■ 在植物生长过程中，应去掉所有变黄或受损的叶片，以免招来害虫或染上疾病。

可能出现的问题

　　根肿病是卷心菜最严重的病害，其他病虫害还有甘蓝根花蝇、毛毛虫和跳甲。羽衣甘蓝相对来说没有什么问题，但要注意蛞蝓和蜗牛喜欢吃各种卷心菜和羽衣甘蓝（见第17～19页）。

收获、储存和冷冻

　　应在卷心菜心还很紧实的时候就切下来。（图3）在叶球的下方，松散叶片内，用刀切穿茎部。在大多数情况下，卷心菜切下来后应立即食用，但是也可以在冰箱里储存4～5天。将卷心菜外层粗糙的叶子去掉，然后切成四等份，将中心硬芯和基部残茎切成薄片。彻底清洗并沥干，甩去多余的水分。羽衣甘蓝最好根据需要采摘。如果毛毛虫对其构成了危害，可以先把叶子浸泡在盐水中，把毛虫从植物上洗下来，之后再进行准备工作。

　　为了获得最佳结果，应冷冻脆嫩的卷心菜。削去茎和破碎的叶片，然后焯水1分钟。沥干并冷却。装进冷冻袋，在6个月内食用完。在冷冻状态置于沸水中烹煮7～8分钟即可。羽衣甘蓝最好像卷心菜一样，切好后冷冻，之后从冰箱中拿出来，在冷冻状态下直接加到汤和炖菜中即可。

▶ 第108页使用的农作物

1

2

3

菜花

(*Brassica oleracea* Botrytis group)

在传统的园艺环境中，与芸苔属的其他作物相比，人们都认为种植菜花是一种挑战，不过回报却很丰厚。现在已经培育出新的杂交品种，相对更好养护，但有效的培养料准备工作和经常浇水对于丰收来说依然必不可少。菜花可以分为几个成熟季；虽然味道差不多，但花球的颜色有亮白色、奶油色、紫色、绿色甚至橙色。应寻找矮生品种和一些已经研发出的专门用于容器栽培的品种，以获得最好效果——矮生品种的叶片更茂盛，最终也会有很多的绿叶，可能会占用很大的空间，但也可以切下来，像绿叶蔬菜一样食用。菜花可以播种或用已育成的幼苗进行栽培。

种植和选址

- 不同品种的菜花的种植方法都是一样的，只是种植时间随品种不同而有所变化。如果播种种植，可以直接播到户外的容器里。注意需要有两个容器。如果室内有空间，可以在模块中育苗，等长到足够大时就可以移植到户外了。
- 要确保培养料肥沃，温暖的条件有助于种子发芽。轻轻地夯实培养料，在 1 厘米深处条播，薄薄地撒上种子。
- 幼苗的生长过程中，需要进行间苗，使苗距保持在 5 厘米，或每个模块种一株。丢弃间出的苗。（图 1）
- 大约六周后，当植株长出五六片叶子时，就可以进行定植了。应选择最健壮的幼苗定植。
- 使用挖洞器为每棵幼苗都挖出足够深的穴，然后小心地用工具或手夯实。在较大的容器中，幼苗应该视品种不同而间隔 15 ～ 30 厘米。浇透水，轻轻地把白菜圆盘固定在茎上（见第 37 页图 2）。
- 如果用育成的幼苗，可以逐个种在小花盆里，也可以如上所述种在大型容器中。

维护

- 保持容器内无杂草。
- 如果鸟类对植株构成危害，应安装防护网或其他防护设施（见第 16 ～ 17 页）。
- 适当浇水，尤其是在干燥的天气，喜欢的话也可以用覆盖物。随着冬天临近，用培养料培土以保护茎干，如果茎干被风吹得有点松动，应经常夯实培养料。
- 生长季中期应施用含氮丰富的液肥。

- 在植物生长过程中，应去掉泛黄或受损的叶片，以免招来害虫或染上疾病。
- 如果卷心菜蝶对植株构成危害，可以试着用起绒布进行防护。也应保护植株免受强烈阳光的照射，以免导致叶子枯萎。
- 一旦形成花球，应折断一些外面叶片的叶柄，盖在花球上，防止花球变色。（图2）

可能出现的问题

跳甲、根肿病、毛毛虫（见第17～19页）。

收获、储存和冷冻

应在菜花头状花序紧实呈圆顶状时切下。

如果留在原地太久，花球会随着植物开花而变得散开。

用锋利的刀切断茎部，但不要切掉所有的叶子，因为这些叶片有利于保持花球鲜嫩的状态。切下的菜花不宜于在冰箱里储存，所以最好在切下后尽快烹饪。

冷冻的方法与西兰花和花茎甘蓝相同（见第35页），但可以在水里挤入一点柠檬汁，以防止菜花花球变色。

▶ 第122页使用的农作物

大白菜及小白菜

大白菜 (*Brassica oleracea* Capitata group)

水菜 (*Brassica rapa* var. *nipposinica*) 和芥菜 (*Brassica juncea*)

你会发现在这个庞大的类目里有大量很有趣的叶菜类植物。这些植物适合在凉爽气候下种植，当其他绿叶蔬菜不足时，供人们烹饪和食用，丰富餐桌。像水菜就是容器种植的理想选择，这是一种很好的可以割一茬又一茬的作物，同样是物超所值。大白菜是东方最普遍的绿叶蔬菜，占据了大部分栽培空间，可以生吃，也可以炒着吃。小白菜是小而紧凑的成簇的叶片，茎粗而柔嫩；生长迅速，3～4周即可收获。小而柔嫩的小白菜可以拌在沙拉里生吃，长成后可以炖或炒着吃。水菜是一种日本沙拉用的芸苔属植物，其叶子呈羽状，深绿色，用来装饰或放在沙拉里都很合适。水菜有轻微的芥末味，播种后4～8周就可以收获了。老叶片最好蒸食或炒食。花茎也可以像西兰花一样蒸着吃。芥菜可以种成大包菜，也可以长成多叶的嫩苗，赋予沙拉轻微的芥末香味。所有这些植物都可以播种或用已育好的幼苗栽培。

盆栽快速入门

容器　适合种植于所有最小深度为 10 厘米的容器中。

种植　春季、夏末至秋初播种（视品种而定）。从春季开始种植已育成的幼苗。

位置　凉爽或温暖处；避免温度过热与阳光过强的环境。

土壤　保墒、非酸性培养料。

收获　夏末、秋季、冬季（视品种而定）。

种植和选址

- 大白菜可以在早春时节将种子直接播种到户外容器中（最好在种植袋中种植），在 2 厘米深处条播，并用细小的培养料覆盖。
- 当长到足够大的时候，进行间苗，间距 10 厘米。丢弃间出的苗。
- 几周后，再次间苗，间距约 25 厘米。这时可以将已长成的幼苗作为春季的绿叶蔬菜食用，留下最强壮的植株继续生长。（图 1）
- 其他的绿叶蔬菜可以从 4 月到 9 月每两周一次直接播种到户外的容器中，以便连续供应。如果是在室内或在温室中，这些绿叶蔬菜可以全年种植。应如上所述，薄薄地播种。
- 其他的绿叶菜可以不间苗，用来做沙拉；也可以间苗到 15 厘米以上，这样会长得更大一些。
- 育成的苗很适宜栽种在生长袋和其他容器中。应如上所述进行种植。

维护

- 保持无杂草，并适当地浇水。
- 试着用起绒布进行遮阴，因为强烈的阳光会导致叶片枯萎（见第 71 页图 2）。
- 鸟类可能对植株会构成危害，所以应安装网状物或其他防护设施。
- 用剪刀剪去泛黄或较弱的叶子。（图 2）
- 冬天来临的时候，应用钟形玻璃盖保护植株过冬（这些过冬品种不需要浇很多水）。
- 夏天时，大白菜的叶子如果开始变得松驰，可以用拉菲草或浅色的细绳绑扎。

可能出现的问题

跳甲和蛞蝓可能会对植株构成危害（见第 17 ～ 19 页）。

收获、储存和冷冻

所有的这类东方绿叶蔬菜都最好根据需要采摘和食用。这些蔬菜都不宜保存很久，不过如果需要也可以浸泡在冰箱里的冷水碗中，这样能储存 24 小时。或者摘下单独的叶片——这样这些植株就会再次抽出新叶片；或者干脆把整株植物拔出来。（图 3）除非是作为熟菜的一部分，否则，这种绿叶蔬菜不适合冷冻储存。

▶ 第 106、108 和 117 页使用的农作物

菠菜

(*Spinacia oleracea*)

牛皮菜 (*Beta vulgaris* Cicla group)

菠菜适合在凉爽气候下种植，不喜欢炎热干燥的天气。经常浇水很重要，若想获得高收益，需要分批进行播种。播种后提前采摘，可以做沙拉叶菜，或等植株长大一些后食用。如果先后分批播种，就能获得良好的、长期的供应。牛皮菜更易于种植，是一种极具价值的作物。如果在春天播种，就可以在仲夏和夏末享用这种绿叶蔬菜，并一直持续到第二年，因为这种作物可以越冬生长。牛皮菜有很多名字，如瑞士甜菜、红甜菜和银甜菜等。其叶片和茎部多汁，有很多品种可供选择，可以打造真正的多彩盆栽陈设。鲜艳的颜色确实会让烹饪变得有些沉闷，但像菠菜一样，小嫩叶也可以做成美味的生沙拉叶和配菜。这两种蔬菜通常都是播种栽培。

种植和选址

■ 菠菜种子最好直接播种在户外的容器中，同时可以保护植物叶片不受强烈的阳光照射，菠菜也可以作为其他蔬菜之间的补种作物。应轻轻地夯实容器中培养料顶部。在容器上面均匀地播下种子，不要太厚，并覆盖一层薄薄的培养料。（图1）

■ 当幼苗长出时，如果想要叶片长得更大，只需要间苗即可。待需要时进行收割。

■ 牛皮菜种子可以直接播种到户外的容器中。如果想让叶片长大一些，应在培养料大约1厘米深处条播，注意应薄薄地撒种。想要做沙拉，则应像菠菜一样播种。

■ 随着幼苗生长到足够大（大约10厘米）时，就需要间苗了，可以用间出的苗做沙拉。前一天浇水可以使间苗更易于进行。对于叶片较大的品种，间距约为20厘米，叶片较小的品种间距较短。

维护

■ 保持无杂草并充分浇水。不要让培养料太干，因为太干可能会造成植株早期抽苔。

■ 试着用起绒布保护菠菜免受强烈的阳光照射，以免造成叶片枯萎（见第71页图2）。

■ 鸟类可能会对植株构成危害，所以应安装防护网或采取其他防护措施（见第16～17页）。

■ 冬天来临时，可以用钟形玻璃盖保护过冬品种（这些品种不需要浇很多水）。

可能出现的问题

菠菜容易受到蛞蝓和蜗牛的影响；另外还有霜霉病（见第17～19页）。

收获、储存和冷冻

可以采摘两种植物的嫩叶生吃，或留着再长一段时间后采下烹食。可以在外面的叶子变硬之前采摘一些，但不要摘掉超过一半的叶片，否则将无法再生。摘下后的叶子很快就会枯萎，所以应根据需要进行采摘，用清水冲洗后立刻食用。（第42页图2）如有必要，可以将叶子浸泡在水中并放入冰箱储存24小时。

如果想冷冻，应选择嫩叶，冲洗干净，小批量地焯水1分钟。沥干并挤出多余的水后冷却。装进硬质容器或冷冻袋。密封后放入冰箱冷冻可以储存12个月。冷冻状态下用少量水烹煮5分钟左右，不时搅拌一下，使其分散开。沥干后可以配着黄油一起食用。

▶ 第121页使用的农作物

蚕豆

(*Vicia faba*)

蚕豆在所有豆类中最耐寒，是最佳的自产蔬菜，新鲜采摘后味道极佳。除了豆子本身，也可以煮豆荚吃嫩豆子，这类作物的嫩枝尖有泥土味或豆腥味，可以像菠菜一样烹饪。至于进行盆栽种植时，应选择 30 ～ 45 厘米高的矮生品种。豆类的花很迷人，芳香愉悦，这样的植物会为你的种植区域增添一抹亮丽的绿色。蚕豆通常播种栽培，不过也可以在春季从苗圃和园艺品店购买幼苗培植。

盆栽快速入门

容器　矮生品种最适合在最小深度为 20 厘米的花盆中栽培。

种植　2 月到 6 月、10 月到 11 月播种。购买幼苗可在晚春时种植。

位置　开阔的空间。

土壤　肥沃、保墒性良好的非酸性培养料。

收获　夏初至夏末，视品种而定。

种植和选址

- 如果是播种栽培,可以在室内播种,每一个模块种一粒种子(见第 14 页),供之后盆栽或移植。(图 1)
- 一旦幼苗长大到可以处理的时候,在晚春时节,连续几天使其逐渐适应外面的环境,应避免霜冻。适应环境后,小心地移植到外面装填了培养料的容器中,间隔 25 厘米,以利于其充分生长。(图 2)
- 或者,也可以将豆子直接播种到容器中约 5 厘米深处。注意不要使容器太挤,蚕豆既喜欢肥沃的土壤,也喜欢开阔的空间。每隔约 25 厘米播下一粒种子。
- 播种和移植后应浇透水。
- 对于株高较高的品种,或者如果栽培区域多风时,可以随着生长将茎系在木桩或竹竿上进行固定。

维护

- 当第一批豆荚长约 10 厘米时,掐掉生长点,这样有利于降低黑蝇对早熟作物的危害(见第 18 页)。(图 3)
- 在干旱时期,要清理杂草并浇水。

可能出现的问题

除了黑蝇之外,蚕豆相对来说没有什么问题(见第 17 ~ 19 页)。

收获、储存和冷冻

最早熟的品种在五月就可以收获。长到 5 厘米长的时候,就可以开始采摘豆荚,整个进行烹煮。也可以根据需要采摘,摸一下豆荚,看看里面豆子的大小——最好是豆子的直径不超过 2 厘米,这样大小的蚕豆味道和口感最好。采摘下来后,不去壳的豆子可以在冰箱里储存 2 ~ 3 天。

冷冻时,先剥去壳,根据豆子的大小,焯 1 ~ 2 分钟。将水沥干后冷却,然后装入冷冻袋或硬质容器中。这样处理后放入冰箱可以储存长达 12 个月。冷冻状态下的豆子置于滚烫的盐水中烹煮 5 ~ 8 分钟即可食用。

▶ 第112页使用的农作物

四季豆
（法国菜豆）

(*Phaseolus vulgaris*)

盆栽快速入门

容器 矮生品种最适合在最小深度为 20 厘米的花盆中生长。

种植 在 4 月到 6 月播种。也可在晚春买幼苗种植。

位置 因为易于遭受冻害，所以最好种在隐蔽、暖和的地方。

土壤 肥沃、排水良好的非酸性培养料。

收获 夏末秋初，第一场霜冻前。

虽然有"法国菜豆"之称，但这种豆似乎起源于秘鲁，不过在法国一直都很受欢迎。这种作物性喜温暖，在炎热的环境中生长迅速。由于不耐霜冻，这种豆类作物应从 5 月下旬开始在户外种植。此外，四季豆一般比较容易种植。你会发现容器种植最理想的选择是矮生品种，几乎不需要支撑物，而高大的品种和红花菜豆一样需要搭建支撑系统。四季豆很容易采摘，质地脆嫩，味道浓郁。四季豆通常播种栽培，但也可以在春天从苗圃和园艺品店购买幼苗进行种植。注意应寻找抗病品种。

种植和选址

- 如果是播种栽培，可以在室内播种，每个模块种一粒豆种（见第 14 页），供以后盆栽或移植。始终保持培养料湿润。四季豆比蚕豆更容易遭受冻害，所以要种在室内。（图 1）
- 在晚春，一旦幼苗长大到可以处理的时候，应接连几天逐渐使其适应外面的条件，要避免霜冻。在适应环境后，将其小心地移植到外面装填了培养料的容器中。矮生品种的间隔大约为 20 厘米；如果是较高大的品种，苗间距应更长。（图 2）
- 可以在没有霜冻风险后，将豆子直接播种到容器中，深度约为 5 厘米。播种间隔约 20 厘米。
- 播种和移植后要浇水，但不要过度浇水和将培养料浸泡在水中。
- 随着植株生长，把茎系在木桩或竹竿上固定。

维护

- 控制杂草，适当浇水，特别是在干旱时期更要注意。

可能出现的问题

嫩叶和豆荚会招来蛞蝓和蜗牛，也有可能发生黑蝇虫害或感染真菌性病害（见第 17 ～ 19 页）。

收获、储存和冷冻

这种植物在播种后 8 周后就可以开始收获，之后几个月会不断地结出豆荚。摘的豆子越多，结出来的就越多。摘嫩豆子时要小心，不要把整棵植株都拔起来，应一只手抓住茎，另一只手向下拉豆荚。（图 3）幼嫩的豆子在采摘后很快就会干枯，所以应该尽快烹煮或腌制。不过，如果没有时间冷冻，也可以用湿纸包好放在冰箱里过夜。

幼嫩的四季豆最适合冷冻。最好整个进行冷冻。较小的四季豆取整个的；较大的四季豆可以切成 2.5 ～ 5 厘米长。焯水 1 ～ 2 分钟。将水沥干后冷却，然后装入冷冻袋或硬质容器中。这样处理后放入冰箱可以储存长达 12 个月。冷冻状态下直接烹煮 5 分钟左右即可食用。

▶ 第112页使用的农作物

豌豆

(*Pisum sativum*)

在豆科所有作物中，豌豆被认为是一种很难种植的作物，而且还会占据大量空间。不过，矮生品种的豌豆却是一种很引人注目的作物，而且在容器中种植时相当容易维护。最重要的是，自家种的新鲜的农作物是如此有益，值得付出任何努力。除了传统的圆豌豆，你还会发现小粒青豌豆、扁荚嫩豌豆和甜脆豌豆，这些都适合在容器中种植。嫩豌豆苗可以折断，作为美味的沙拉叶菜食用，有独特的豌豆味道。应寻找抗病品种种植，并记得在开花期浇水，以提高产量。可以直接将豌豆种子种到土里，也可以用苗圃或园艺品店育成的幼苗栽培。

种植和选址

- 通常在仲春把豌豆种子直接播种在容器中。不要在播种时施肥，因为可能会导致豌豆疯长而不能正常发育，只需在播种前施薄肥即可。
- 选择把容器放置在阳光充足的地方，根据容器的大小和形状，用挖洞器挖出大约 5 厘米深的穴，然后间距 15 厘米播下种子。可以先后下种一直到初夏。（图 1）
- 一旦豌豆长出卷须并开始要攀爬时，应在容器中架起细树枝、藤条或豌豆网等支撑物。幼苗应该在晚春连同支撑系统一起种下。（图 2）

维护

- 保持容器内无杂草。
- 用网状物把新播下的种子盖上，防止鸟类的侵害，直到植物成熟。
- 在干旱时期浇水，特别是在花分化形成的时候。在非常干燥的天气里使用护根物有助于保墒。

可能出现的问题

豌豆易于遭受几种病虫的危害。蛞蝓、鸟类和老鼠会吃种子和幼苗。也容易感染蚜虫、豌豆蓟马和霜霉病（见第 17 ～ 19 页）。

收获、储存和冷冻

当豆荚长到合适的长度时，每天察看一下，看看里面有没有膨大。目的是在豆子发育好但还没有过大时进行采摘。所有品种都应小心地用一只手向上拉豆荚，同时用另一只手握住茎。看到豌豆在豆荚里成形的时候，就可以采摘嫩豌豆和甜脆豌豆

盆栽快速入门

容器　适合种在所有的最小深度为 15 厘米的容器中。

种植　从深秋到初夏播种，视品种而定。也可购买幼苗，在晚春种植。

位置　开阔的空间；避免温度过热的环境。

土壤　肥沃的中性、非酸性培养料。

收获　夏初开始，视品种而定。

了。如果没有及时采摘，这些豌豆荚就会继续发育成为豌豆，同样可以收获和食用。如果采摘一次嫩豌豆或甜脆豌豆的量不太够，那么可以摘一些已经成熟的，在冰箱里放几天，直到其他的也可以采收时再一起烹食。应定期采摘豌豆，并尽可能在新鲜时食用。

　　若想冷冻豌豆，应该先去掉豌豆壳，焯水 1 分钟，沥干并用冷水甚至冰水快速冷却，晾干后装入冷冻袋。嫩豌豆和甜脆豌豆掐头去尾，整个焯 2 分钟，然后冷却，像豌豆一样进行包装。冷冻后可以储存 12 个月。冷冻状态下直接烹煮 5～7 分钟即可食用。

▶ 在第108和111页上使用的农作物

红花菜豆
（青豆）

(Phaseolus coccineus)

红花菜豆是夏季的标志，也是非常受人们喜爱的一种蔬菜。原产于墨西哥，比四季豆更粗大，但比其他豆子味道更浓郁、更多汁。这种植物有醒目的猩红色或白色的花朵及藤蔓状的绿叶，通常沿着拱形细竿攀缘而上，很是引人注目。有很多矮生性品种和传统的攀缘型品种；选择一个与你的空间类似的品种。红花菜豆不耐霜冻，所以应该在没有极端寒冷天气或霜冻危险的时候再移植到户外。这种作物也不喜欢太热（超过 30℃）的环境，所以应该进行遮阴。红花菜豆通常播种栽培，不过也可以在春天从苗圃和园艺品店购买幼苗培植。

种植和选址

- 如果是播种栽培，可以在室内播种，每一个模块或花盆播一颗豆种（见第 14 页），方便以后盆栽或移植。应保持培养料始终湿润。红花菜豆比蚕豆更容易遭受冻害，所以要在室内播种，以免受影响。（图 1）
- 在晚春，一旦幼苗长大到可以处理的时候，应连续几天逐渐使其适应外面的条件，避免霜冻。

- 在移植传统的攀缘红花菜豆之前，需要先安装一些支撑物，可以让红花菜豆爬上由大约五根顶部绑好的高细竿的拱顶，或者买适合容器的专用框架。细竿之间的距离约 20 厘米，以便于采摘。（图 2）
- 在植株适应环境后，小心地移栽到外面的容器中，每根细竿或支撑下物种一株。
- 或者，也可以在没有霜冻风险后，将豆种直接播种到有支撑结构的容器中，播种深度大约 5 厘米，每根细竿下一粒种子。
- 播种和移植后浇透水。

维护

- 设法让幼苗爬上细竿，直到幼苗稳固为止。
- 一旦植物长到细竿的顶端，就去掉生长点。对于矮生品种，则应掐掉所有长枝。（图 3）
- 控制杂草；注意浇水，防止变干，特别是在开花之后。用温热的水在花上喷雾，促使结荚。

可能出现的问题

蛞蝓和蜗牛、黑蝇或白粉病（见第 17 ～ 19 页）。

收获、储存和冷冻

应趁豆荚里的豆子开始膨大之前采摘。摘的次数越多，结的豆荚就越多。由于这个原因，过大的豆荚最好摘掉，以促进新豆荚的生长——豆子越大、越老，就会变得越硬、越无味。豆子摘下来后，若不能马上食用的话，可以将豆子放在装有水的壶里，将枝端浸没在水里，在冰箱里可以保存两三天。

冷冻时，应先把豆子洗干净后进行烹煮。剪掉豆荚的顶部和尾部，修剪掉有筋的侧边。如果有专门的切豆器，可以把豆子切成细长的丝，如果想要口感更硬一些，可以切成鱼眼块。焯水 2 分钟，沥干并冷却，然后装入冷冻袋或硬质容器中。这样处理后放入冰箱可以储存长达 12 个月。冷冻状态下烹煮 5 分钟左右即可食用。

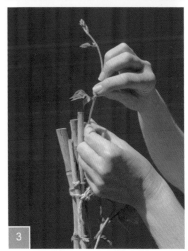

▶ 第112页使用的农作物

茄子

(*Solanum melongena*)

这种诱人的热带植物原产于亚洲，果实呈黑色、紫色、粉红色或白色，有光泽，与马铃薯同属一个科，与西红柿有亲缘关系。茄子的种植方式同西红柿，但对寒冷更敏感，生长速度更慢。茄子需要在稳定的温度和阳光下才能成熟，可以在户外温暖、阳光充足的蔽阴处种植，但为了促芽和正常发育，必须从室内开始育苗。可以选择矮生品种，种植在窗台上的小花盆里。

种植和选址

■ 如果是播种栽培，种子应先在水里浸泡一夜，然后在单个的模块或花盆里尽可能稀疏地撒播（见第14页）。为了促芽，温度需要保持在 20 ～ 25℃ 之间，所以应保持室内温暖，并盖上保育箱盖。（图1和图2）
■ 秧苗长到足够大的时候，应小心地间苗，留下最强壮的植株。

盆栽快速入门

容器　大多数品种适合在种植袋或最小深度为15厘米的花盆中栽培。矮生品种可以在窗槛花箱里种植。

种植　春天播种，或在晚春至初夏购买幼苗种植。

位置　温暖、阳光充足的蔽阴处。

土壤　肥沃、排水良好的培养料。

收获　盛夏之后。

丢弃间出的苗。

■ 在初夏，幼苗长到大约 30 厘米高时，小心地移栽到种植袋中，每袋两到三棵，具体视种植袋的大小和茄子的品种而定。或移栽到其他容器中也可以。

■ 把茎绑在细竿上做支撑，浇透水。只有在确保外部温度在 15℃ 以上时，才能放置在室外，否则应置于室内阳光充足的门廊、暖房或窗台。（图 3）

维护

■ 充分浇水，控制杂草。

■ 经常喷雾，降低害虫的风险，并在开花时帮助进行施肥。

■ 一旦果实开始发育，每 10 ～ 14 天施用高钾液肥。

■ 当形成 5 个果实时，为了促进果实发育，应摘除侧枝和其他花。

可能出现的问题

红蜘蛛、蚜虫和粉虱（见第 17 ～ 19 页）。

收获、储存和冷冻

通常在 7 月到 10 月间，当茄子整体颜色均匀分布时就可以采摘了。摘取时应小心，避免损伤和擦碰果实，用剪刀从茎部剪下。采摘下来之后，完好无损的茄子可以在冰箱里储存一周左右。

在烹饪或冷冻之前，用湿布擦拭茄子并剪掉茎部。只有处于最佳状态的茄子才能冷冻。切片或切丁，然后放在置于碗上的漏勺或大筛上，均匀地撒上盐，进行腌制和沥水，持续 30 ～ 40 分钟，不要超过 1 个小时，接着彻底冲洗干净（在烹饪过程中，腌制可以使茄子的口感变得更嫩——未腌制的茄子在烹饪时往往会更加吸水）。焯 2 分钟后用冷水冲洗，晾干，冷却。开放冷冻后装入冷冻袋或硬质容器中。这样处理后在冰箱中可以储存 12 个月。因为解冻后的茄子会变得很软，所以冷冻茄子只适合做汤、炖菜或烧烤。因此，最好将冷冻状态下的茄子直接加入锅中制作菜肴。

▶ 第120页使用的农作物

小胡瓜和西葫芦

(Cucurbita pepo)

盆栽快速入门

容器 适合种在所有最小深度为 25 厘米的容器中。

种植 在春末夏初播种。春末或夏末购买幼苗进行种植。

位置 蔽阴的位置；喜阳光；不耐霜冻。

土壤 肥沃的培养料。

收获 夏至后，视品种而定。

在葫芦科的植物中，小胡瓜和各种较小的西葫芦品种最适合在容器中栽培——在一个较小的区域中，丝瓜、南瓜和笋瓜里往往会占据太多的空间。你会发现有很多形状和大小的品种可供选择，但在厨房，它们的食用方法并没有什么不同，所以应选择适合你的种植空间和需求的品种。小胡瓜和西葫芦在大型容器里生长得最好，可以在格架上攀爬，有巨大的、蔓生型植株和很大的黄花。这类植物半耐寒，需要阳光和遮阴，充足的水和营养。这两种作物可以播种种植，也可以在苗圃或园艺品店找到即将抽条的幼苗。

种植和选址

- 室内播种时，应将种子浸泡一夜，以便加快种子发芽的过程。如果在室内种植可以在晚春育苗（见第 14 页）。盖上培育箱盖子，以获得最佳效果。（图 1）
- 直接在室外容器内播种时，应等霜冻危害期过去后再下种。

挖一个 2.5 厘米深的穴，把三颗种子种在一起，用培养料覆盖，然后在上面盖一个钟形玻璃盖，直到种子发芽。（图2）

■ 发芽后，当第一片真叶成形时，间去最弱的幼苗，留下最强壮的幼苗。如果是在大型容器中种植，幼苗之间要留出 60 厘米以上的距离。在周围撒蛞蝓药或类似的抑制剂。（图3）

维护

■ 经常除草；注意浇水是在幼苗的周围，而不是在幼苗的上面。

■ 通过更新虫药或其他抑制剂来阻止蛞蝓侵害植株。

■ 让灌木型品种自行伸展，如果蔓生型品种开始随意摊开生长，抢占位置，则可能需要进行修剪或整枝，覆盖在格子结构或框架上。

■ 一旦果实开始膨大，应每两周施用一次番茄专用肥。把较大的果实搁在翻过来的赤陶土碟或瓷砖上，防止腐烂和受到蛞蝓侵害。

可能出现的问题

一般没有什么问题，但易于受到蛞蝓的侵害，黄瓜花叶病毒是最常见的疾病（见第 17 ～ 19 页）。

收获、储存和冷冻

小胡瓜和西葫芦味道清淡，最好是摘下后趁新鲜时食用——因为这两种产品含水量很高，摘下后很快就会脱水变干，所以不宜储存。采收时用锋利的刀从离果实 2 厘米远的茎秆上割下果实。小胡瓜要在果实还很嫩、大约 10 厘米长的时候采收。尽管可以在冰箱里储存 3 ～ 4 天，但最好还是采收后立即食用。西葫芦在 7 月份就可以采摘了。可以将开始分叉的茎作为采摘的标志。果皮应该足够柔软，能够很容易地用圆刃刀刺破。

只能选择结实的、柔嫩的果实用于冷冻。洗净、修整后切成 1 厘米厚的小片，或整个也可以。焯水 1 分钟，沥干，冷却，装入硬质容器中。注意若整个冷冻则要将每个置于冷冻纸之间。可以储存一年。部分解冻后用热油或黄油每面煎 2 ～ 3 分钟。或者，也可以把切好的片用黄油烹调，再冷冻，吃的时候从冰箱里拿出来，完全解冻后在平底锅中加热 3 ～ 4 分钟至滚烫即可。

▶ 第107、108、116和134页使用的农作物

1

2

3

蘑菇

(Agaricus)

蘑菇这种万能的厨房食材是为数不多的几种不需要出门就能种植和享用的自种蔬菜之一。你只需要确保进行适当的准备工作，之后像养护其他作物一样即可。在大多数园艺品店或专业零售商那里都可以找到专门的蘑菇种植工具，它们通常还出售各种接种了的蘑菇培养料，包括香菇、栗蘑、草菇和平菇。还有可以放在户外的接种过的原木。最划算的方法是购买一些袋装干菌丝，可从种子经销商处购买，并遵循厂商的指示或如下步骤进行操作。

种植和选址

- 用湿润、肥沃的培养料或腐熟的有机肥装填所选的容器，然后压实。
- 将干菌种均匀地撒在土壤表面，然后混入顶部 5 厘米的培养料中。（图 1）
- 用湿报纸完全盖住容器上部，将容器存放在 15℃ 的阴凉处（不需要黑暗环境）。几天后，菌种开始"繁殖"，表面形成白色的菌丝，这是蘑菇长成的第一阶段。（图 2）
- 菌丝形成大约两周后，把报纸拿开，在上面覆盖大约 2.5 厘米的潮湿培养料作"外壳"。

维护

- 在整个生长期，保持培养料的表面湿润，但不要湿透，这时你可能会发现喷雾器在这里很有用。
- 种植蘑菇的容器应遮蔽阳光，并保持温度稳定，因为温度的波动会抑制生长。
- 摘掉损坏的、老化的或患病的蘑菇。

可能出现的问题

温度是种植蘑菇的主要因素——温度低于 10℃ 或高于 20℃ 都不适合菌丝生长。注意不要过度浇水，否则会使菌类腐烂。

收获、储存和冷冻

蘑菇是成批地生长的，所以可能会连续采收很多蘑菇，接着是一段没什么产量的时期。如果条件合适，应该可以在播种后 6 个月收获蘑菇。采摘的时候，轻轻拧一下蘑菇的帽子，从菌床上拉起来，不要损坏周围的蘑菇，也不要弄乱蘑菇的生长

容器　约 25 克的干菌种足以种满面积约 30 平方厘米、深 18 厘米的容器。

种植　一年四季都可用干菌种种植。

位置　凉爽的储物区域，如橱柜或棚屋；温度最好是 15℃。

土壤　非常肥沃的培养料或腐熟的有机肥。

收获　全年：理想条件下 10 ～ 12 周。

苗床。摘得越多，结得就越多。蘑菇采摘后很快就会脱水，如果要保存，就先不要清洗，只需除去培养料，要么放在铺着厨房纸巾的开放托盘上，要么松松地装在纸袋里，在冰箱里可以储存 2 ～ 3 天。

　　因为蘑菇一解冻就会变得很黏，所以最好烹煮后再冷冻。可以作为配料加入食谱中，或者也可以擦拭、切片后在黄油和油里煎 2 ～ 3 分钟。冷却并沥干，装入冷冻袋或硬质容器中，在冰箱里可以储存 6 个月之久。最好在冷冻状态时重新加热，或者根据需要直接加入汤和炖菜中。

▶ 第110和116页使用的农作物

青椒和辣椒

(Capsicum species)

这两种植物通常都是温室栽培，不过，只要阳光充足的温度环境，也有很多可以在室外生长的品种。理想情况下，所有品种都能在阳光充足的室内环境中生长——你会发现迷你品种非常适合在窗台上种植。甜椒或甜辣椒、甘椒和灯笼椒是一年生草本植物，很容易种植。这些农作物有各种形状和大小，颜色有奶油白、绿色、黄色和橙色，也有红色、深紫色或黑色的。辣椒是多年生植物，果实较小，颜色也各不相同；辣度取决于辣椒的品种——火爆辣椒是最清淡的辣椒之一，而哈瓦那辣椒则非常辣！青椒和辣椒可以播种或购买育成的苗进行栽培。

种植和选址

- 按照第 14 页所述，将种子尽可能薄地播种在室内的单独的模块或花盆中。为了促芽，温度需要达到 18℃。应当用培育箱盖盖住，以获得最佳效果。
- 幼苗长出三片叶子时，小心地间苗，留下最强壮的植株，丢弃间出的苗。

盆栽快速入门

容器 适合种植于所有最小深度为 20 厘米的容器中。

种植 春天播种。在晚春购买幼苗种植。

位置 温暖、阳光充足的地方（甜椒和辣椒不耐寒）。

土壤 非常肥沃的培养料。

收获 盛夏开始。

- 幼苗长到7厘米高时，小心地移栽到稍微大一点的盆里。（图1）
- 一旦长到18厘米时，就移植到大约22厘米深的定植容器中，或者每个种植袋中植3株。这样有助于稍微限制青椒和辣椒的生长，从而促使植物结果。
- 只有保证温度在15℃以上的情况下，才可以置于室外，否则请将其置于室内阳光充足的门廊、暖房或窗台上。

维护

- 保持容器内无杂草。
- 经常给植物喷雾，以降低棉红蜘蛛的危害。（图2）
- 适当给青椒浇水，但小心不要浸透培养料。
- 一旦坐果，每10天施一次高钾肥料。注意辣椒不要浇水太多，但要确保施足肥。
- 对于较高大的品种，应把茎系在细杆上作为支撑。（图3）

可能出现的问题

可能会受到红蜘蛛、蚜虫和粉虱的侵害（见第17～19页）。

收获、储存和冷冻

从仲夏之后就可以开始采摘青椒了。选择那些明亮有光泽的果实摘。采摘能促进其他果实的生长。如果想要黄色或红色的果实，可以等待果实改变颜色后再摘（如果适用于该品种）。不过，炎热的天气和阳光对于青椒的进一步成熟很重要。青椒和辣椒最好在采摘后尽快食用，不过也可以在冰箱里储存几天。要注意，辣椒比青椒更容易变软。

冷冻时，把青椒对半切开，去掉种子和果柄。要么切成两半，要么切片或剁碎。根据大小，焯水1～3分钟，然后沥干，冷却，轻拍把水晾干。装进冷冻袋密封好。放入冰箱可以储存长达12个月。将对半切的青椒解冻几个小时，可以用来填馅，或将切成片或切碎的青椒直接加到汤、炖菜或其他熟食中。如果想冷冻辣椒，最好先去掉籽，并切碎（不需要焯水），然后小心地包成小包，包扎好以利于辨认。放入冰箱可以储存6个月，冷冻状态下可直接用于烹饪。

▶ 第106、112、116、117和125页使用的农作物

甜玉米

(*Zea mays*)

容器栽培首先想到的可能不会是什么高大茂密的植物，但如果你有一个阳光充足的地方，并正打算种一些东西，那么可以考虑甜玉米，因为自己亲手种出来的玉米比你能买到的所有东西都更好吃。你会发现一些已经被培育出来的能适应较寒冷气候的甜玉米品种，及一些更适合采摘玉米笋的品种。甜玉米可以播种或用已育成的幼苗栽培。

种植和选址

■ 为了促芽，温度需要保持在18℃，所以应在室内播种。甜玉米的根系不易再生，所以最好把种子种在单独的可降解花盆里（见第14页）。用培育箱盖盖住以获得最佳效果。（图1）

■ 一旦幼苗生根，就需要移栽到更大的可降解花盆里。（图2）

■ 当确定不再有霜冻的危险，且幼苗长出五片真叶时，就可以带着花盆整个移栽在已经备好的装填了常温培养料的容器里。（图3）

■ 或者，当外部条件足够温暖时，也可以将两颗种子直接播在装有常温培养料的容器中，播种深度为2.5厘米。用培养料轻轻覆盖，并在上面放置一个钟形玻璃盖或其他保护性覆盖物。

■ 一旦植株长得足够大到可以处理时，应除去两株中较弱的那一株幼苗并丢弃。当幼苗长出五片真叶时，就可以除去钟形玻璃盖或覆盖物了。

■ 育好的幼苗一旦长出五片真叶，就应该对其进行适应性锻炼，然后再如上所述移栽到容器中。

维护

■ 甜玉米植株高大，但是根系较浅，所以应种植在有遮蔽的地方并小心地除草，注意不要伤及根系。

■ 一旦生根，就需要将土培在正在生长的植物茎的基部来保持稳定，要不然就需要有支撑系统，如细竿搭的架子等（参见第50～51页的红花菜豆）。

■ 甜玉米是风媒传粉作物，所以如果户外空间有遮阴，可能需要用长在顶部的雄花穗击打柔滑的雌穗，进行人工授粉。

■ 根据需要浇水，特别是在干燥的天气里植物开花的时候。一旦穗抽开始膨大，就应施液肥。

可能出现的问题

除了恶劣天气、老鼠和鸟类，甜玉米相对来说没有什么问题。

盆栽快速入门
容器 适合种植于所有最小深度为 25 厘米的容器中。
种植 春天在室内；6 月在户外播种。在仲夏购买幼苗种植。
位置 阳光充足、温暖处。
土壤 肥沃、可自流排水的培养料。
收获 夏末秋初。

收获、储存和冷冻

　　通常在银色的丝状雄穗抽出大约 6 周后就可以采摘玉米了。这样做的目的是在玉米内的糖变成淀粉之前进行采摘，确保玉米既甜又嫩。当种子或玉米粒不断地发育并由淡黄色变为深黄色时，雄穗枯萎并变成棕色。小心地把外面的叶子往外扯，然后用指甲轻轻掐玉米粒，如果渗出乳白色的液体，就可以采摘和食用了；如果没有液体渗出，则说明玉米已经过了最佳食用期。可以把玉米从茎上拧下来，也可以向外折断。玉米摘下后应尽快食用，因为很快就会变干，失去风味。玉米笋在播种后 16 周左右就可以采摘了，应该在长得太大之前采摘，否则轴心变得坚硬就不能食用了。（图 4）

　　挑选幼嫩的玉米，剥去外层的叶子，整个焯水约 3 分钟；或用锋利的刀把玉米粒剔下来，焯水大约 1 分钟；玉米笋整个焯水 1 分钟，然后冷却，晾干，整个包好装入容器或冷冻袋。这样处理后放入冰箱可以冷藏 12 个月。食用时，先将整个玉米彻底解冻，再煮 6～7 分钟，不要往水里加盐，因为这样会使玉米变硬，但可以加一茶匙白糖使之更甜。冷冻状态下的玉米粒烹调 5 分钟左右即可，也可以直接加到汤和砂锅中。

4

香草和可食用花卉

罗勒 (*Ocimum basilicum*)

月桂 (*Laurus nobilis*)

金盏花（金盏菊）
(*Calendula officinalis*)

雪维菜 (*Anthriscus cerefolium*)

细香葱 (*Allium schoenoprasum*)

香菜 (*Coriandrum sativum*)

咖喱草 (*Helichrysum angustifolium*)

莳萝 (*Anethum graveolens*)

薰衣草 (*Lavendula augustifolia*)

柠檬香蜂草 (*Melissa officinalis*)

马郁兰 (*Origanum vulgaris*)

薄荷 (*Mentha spitica*)

旱金莲 (*Tropaeolum majus*)

三色堇 (*Viola x wikktrockiana*)

欧芹 (*Petroselinum crispum*)

迷迭香 (*Rosmarinus officinalis*)

鼠尾草 (*Salvia officinalis*)

龙蒿 (*Artemisia dracunculsus*)

百里香 (*Thymus vulgaris*)

如果你喜欢烹饪，那么一定想腾出地方来种一两盆香草。这些植物有漂亮的叶子和花朵，是改善沉闷空间的不错选择，如果你从它旁边擦身而过或碰着了植物的叶片，有些甚至会散发出一阵淡淡的香气。香草的适应性很强，无论放在哪里都能茁壮生长，但它通常更喜欢阳光充足的地方、充分浇水和排水良好的培养料。有些香草，如薄荷，有扩散性，会像野火蔓延一样生长，所以要单独种植。选择种植哪些植物取决于你的烹饪菜单，不过，以下是最常种植和食用的一些植物。大多数香草可以播种或用已育成的幼苗栽培。

罗勒　罗勒是一种甜甜的，有辣味，叶片柔软的香草，常用于意大利菜，也是沙拉中的好配料。罗勒喜欢充足的阳光，最适合放在窗台上，花盆深度至少 25 厘米，培养料需肥沃、排水良好。有两种主要栽培品种：甜罗勒和灌木罗勒。两者都不耐寒，都需要经常浇水。罗勒本身不适合冷冻，最好添加到食谱中的其他配料中。在春末夏初，可以把罗勒植株放在室外，因为罗勒会吸引蜜蜂，所以在需要授粉的植物附近放一盆罗勒是个不错的主意。

月桂　甜月桂和月桂的叶片芳香，新鲜叶片或干燥叶片适合放在甜品或开胃菜中。这种植物原产于地中海地区，作为灌木栽培时非常耐寒，但确实需要一些防护来抵御霜冻和强风。月桂喜阳光，应种植在填有肥沃、排水良好的培养料的大花盆中，根据植株的大小，花盆最小深度为 20 ～ 30 厘米，剪去长的或杂乱的分枝，以限制生长，保持整洁。一旦生根，常绿叶片可以在一年中的任何时候采摘。月桂叶片不适合冷冻储存。（图 1）

金盏花（金盏菊）　罗马人使用金盏花就像我们使用藏红花一样，金盏花芳香的橙黄色花瓣不仅明亮宜人，而且可以为沙拉增添了令人愉悦的绚烂色彩。金盏花不喜寒冷，也不耐霜冻，所以应放在阳光下，在大约 15 厘米深的容器中装填肥沃、可自由排水的培养料种植。这种植物的花瓣不适合冷冻储存，干燥后也会失去风味。（图 2）

雪维菜　雪维菜是一种耐寒的草本植物，叶细小，柔软如羽毛，有一种淡淡的茴香味。雪维菜耐霜冻，在装有能自由排水的培养料、大约 10 厘米深的容器里生长良好。这种植物喜欢有部分遮阴的地方。

传统上在鱼和鸡肉菜肴中食用，也可以做可爱的花式配菜或沙拉配料。此外，还可以进行冷冻（见第 67 页），加在汤、酱汁和高汤中。这种植物叶片不适合脱水保存。（图 3）

细香葱　细香葱的叶片呈细管状，带有淡淡的洋葱味，簇生花为浅粉色，是沙拉中抢眼的装饰物和美味的配料。这种植物很耐寒，不需要太过精心的维护，但如果不控制，就会散布开来。细香葱喜欢肥沃、潮湿、排水良好的培养料，不过可以在大多数土壤中生长，容器深度需要约 18 厘米。葱花炸香，可以给香喷喷的烘烤食品和菜肴增添一种洋葱似的风味。采割细香葱时离得越近越好，每一簇细香葱轮流依次采割，以促进新叶的生长。细香葱可以冷冻或干燥储存（见第 67 页）。（第 65 页图 4）

香菜　香菜是一种生命力很强的一年生草本植物，叶片和

种子可以食用。成熟的香菜会结出成簇的小型头状头序。开花后形成种荚或果实。最初长成时叶片很柔软，需要在阳光下或室内晾晒，最后变成我们熟悉的香料种子。当果实成熟时，会变得很辛辣，散发出香气，表明已经可以采摘了。叶片很像蕨类植物，味甜美，多用于东方菜肴的烹饪，也可以用来点缀沙拉。叶片可以冷冻，但不适宜脱水干燥（见第 67 页）。香菜确实需要阳光，但没有阳光也很容易种植；应种在可以自由排水的培养料中，最小深度为 7 厘米，以获得最佳效果。在夏末收获种子，应把头状花序剪下，然后在阳光下或在室内晾干。接着，把种子从头状花序上抖下来，放在密封的容器里，磨碎后用在甜品和咸味菜肴中。

咖喱草 咖喱草是一种银白色的常绿植物，散发着咖喱的香味。喜欢阳光充足、肥沃、排水良好的培养料，容器深度大约 18 厘米。在初秋或早春稍微进行修剪。在冬天用钟形玻璃盖或花园用起绒布进行防护。随时可以采摘叶片用于汤、炖菜、米饭和咸菜中。食用前将小枝去掉。此植物叶片不适合冷冻或干燥储存。

莳萝 莳萝是一种半耐寒的一年生草本植物，有淡淡的茴香味，一般用于烹调鱼类。莳萝可以在排水良好的土壤中生长，容器深度约为 25 厘米，喜欢阳光。也可以在冬季收获种子食用。大约在播种后 8 周，就可以采摘细嫩的、如羽毛般柔软的叶片了。可以在花形成之前采摘下来并进行脱水或冷冻（见第 67 页）。对于种子，应留下最早播种的植株，头状花序变成棕色的时候采摘（通常在 9 月）。处理方法同香菜种子。

薰衣草 薰衣草不仅能散发出神奇的香味，还是一种可以在花盆中种植的有益的草本植物，可用于烹饪等。薰衣草有助于防止虫害发生。应留意适合容器栽培的矮生品种。薰衣草需要充足的阳光和排水良好、深度约 20 厘米培养料。薰衣草可以晒干，用来给果酱、白糖、香醋和沙拉调味。干花也可以捆起来或放在香袋里，给衣服熏香，保护亚麻织物免受蛀虫的危害。应在花开放前采摘，以获得最好的效果。薰衣草不适合冷冻储存。（第 65 页图 4）

柠檬香蜂草 柠檬香蜂草是一种有柠檬香味的耐寒的多年生植物，非常适合用来吸引蜜蜂。因为是入侵物种，所以最好独立种植。柠檬香蜂草对土壤不挑剔，花盆最小深度应为 20 厘米。定期修剪以保持丛生的生长习性。用叶片泡茶可以提神，或给冷饮和潘趣酒注入"活力"，还能为白糖调味，或用于制作蜜饯、

盆栽快速入门

容器 适合种植于大多数最小深度为 7 ~ 30 厘米的容器中，具体深度视品种而定。

种植 除非另有说明，一般都可以在晚春播种种植，或在初夏购买幼苗种植。

位置 温暖、阳光充足、有蔽阴的地方（具体情况见植物条目）。

土壤 排水良好的培养料。

收获 春季至秋季，具体情况视品种而定。

甜点和沙拉。这种植物不适合冷冻或干燥储存。

马郁兰 甜马郁兰的叶片细小，带有芳香，开粉红色花，可以用于各种菜肴的调味。适合于花盆种植的矮生品种也是半耐寒的，但味道较清淡。所有品种都喜欢炎热的环境，矮生品种易于在室内种植，可以全年供应。马郁兰较喜欢能自由排水的培养料，深度至少为 10 厘米。这种柔软的叶片被广泛应用于意大利菜式的烹饪中，尤其适合搭配番茄和鱼类。从 5 月到 9 月，叶片都可以收获。6 月开始，可以收获粉红色的小花。叶片可以干燥或冷冻储存，不过，为了使风味最佳，应该在植物开花前采摘下来冷冻储存（见第 67 页）。

薄荷 可以种植的薄荷品种有许多，如苹果薄荷、菠萝薄荷、姜薄荷、留兰香薄荷和胡椒薄荷。叶片的味道、大小、颜色和口感各不相同，选择时可因人而异。不过，对大多数人来说，留兰香薄荷和苹果薄荷都是不错的选择。薄荷花很小，花簇呈圆锥形，花色呈粉红色、淡紫色或白色，可以做成漂亮的配菜。所有的薄荷都具有侵入性，如果不加以限制，很容易就会占据混合种植容器的空间。薄荷耐霜冻，喜欢潮湿、约 15 厘米深、保墒性好的培养料。人们习惯将薄荷叶片做成酱汁配上烤羊肉一起食用，薄荷通常用作配菜和烹饪蔬菜（如豌豆和新土豆）时的调味料。5 月直到初秋，都能采摘新鲜的叶片。薄荷可以干燥或冷冻储存以备冬季食用（见第 67 页）。（图 4）

旱金莲 这种植物很迷人，而且色彩缤纷。易于播种栽培，花、叶和种子可以食用，有轻微的辣味。易遭受霜害，喜欢阳光，以及 15 厘米深的较贫瘠的培养料。需要注意的是，蛞蝓也很喜欢吃它！花和叶子可以加到沙拉或三明治里，种子可以像酸豆一样进行腌制。这种植物不适合冷冻或干燥储存。（图 5）

三色堇 三色堇是春秋两季中的一抹艳丽色彩，喜欢凉爽的天气，在炎热的天气里很快就会枯萎。三色堇喜欢潮湿、肥沃的培养料，深度至少为 10 厘米。三色堇花瓣温和甘甜，放在沙拉中很迷人，也可以用来做甜食的装饰。不适合冷冻或干燥储存。

欧芹 欧芹被广泛用作调味料、填料和沙拉的配菜或碎拌香草。欧芹最好一年种一次，为保证稳定的供应，可以分两季进行播种：夏秋茬是在 3 月播种，冬春茬是在 7 月再播一次。选择肥沃、能自由排水的培养料，20 厘米深的容器。平叶品种具有更好的装饰性，但卷叶品种味道更浓郁。每次从每株植物上剪一到两个小枝，直到完全长成，应剪除所有要结籽的茎，以促进新枝的生长。从 6 月开始,可以将嫩枝晒干或冷冻储存（见第 67 页）。

迷迭香 迷迭香是一种耐寒的常绿灌木，与地中海餐饮同义，多作烹饪和药用。迷迭香粗糙的叶片有香味，树脂质，非常适合搭配羊肉、野味和其他肉类食用。木质茎很适于置入肉类和蔬菜中，用小火慢煮进行调味。迷迭香的花色有白色、淡蓝色和淡紫色，是一种芳香宜人的配菜。迷迭香需要阳光、排水良好的培养料，也需要防寒防风。容器的最小深度应为 20 厘米。需要经常修剪，以保持其处于良好状态，最好通过扦插或用苗圃培育的植株进行繁殖。采摘嫩叶和茎后应立即食用，不过，放在盛有水的壶里也可以保鲜几天。迷迭香叶片适于干燥和冷冻储存（见第 67 页）。

鼠尾草 鼠尾草叶片柔软，呈灰绿色，但也有紫色和杂色叶片的品种。这种草本植物味道浓郁，通常与洋葱一起搭配猪肉、鹅肉和其他富含脂肪的肉类食用。亮粉色的鼠尾草花可以添加到沙拉中，或用作浮在汤里的配菜。这种常绿草本植物较耐寒，喜欢生长在 20 厘米深、可以自由排水的培养料中。鼠尾草一年四季都可以收获，但在开花之前叶片的风味最佳。采摘后不久叶子就会枯萎，不过，可以干燥或冷冻储存（见第 67 页）。最好用苗圃培育的幼苗栽培。

龙蒿 龙蒿叶片柔软，长而尖，略带有淡淡的、甘甜的茴香味，常与鱼、鸡肉和蔬菜一起食用。喜温暖，不耐寒。应栽种在最小深度为 25 厘米的肥沃、可以自由排水的培养料中。龙蒿是法国人厨房中的重要烹饪材料，常用于制作香草醋。龙蒿很容易栽培，不需要太多的养护。从 6 月到 9 月都可以采摘叶片。最好在摘下后新鲜时食用。

百里香 食用百里香原产于地中海地区。有几个品种，最常见的浅黄色品种最受欢迎。百里香在小火慢炖时使用效果绝佳，能赋予菜肴一种芳香的草木味，适合搭配蘑菇、番茄、肉类尤其是鸡肉食用。这是一种常绿的耐寒植物，在阳光下排水良好的培养料中生长良好，容器深度约 15 厘米。耐霜冻、耐旱。需要时采摘小枝，花可以用来装饰或添加到沙拉中。开花后进行修剪，以保持丛生的生长状态。适宜冷冻和干燥储存（见第 67 页）。

可能出现的问题

可能会受到蛞蝓、蜗牛、鸟类和老鼠的侵害（见第 17 ～ 19 页）。

香草的收获、储存和冷冻

用剪刀剪下新鲜的香草，因为大多数香草和花在采收后不久就会枯萎，所以应尽快食用。像鲜花一样，将剪下的香草放在水里，能保存一个小时左右，不过，若想要保存数天，应在水中清洗，甩干，放在充气的大塑料食品袋中，密封后储存在冰箱的底部。如果有足够的空间，也可以浸泡在装有冷水的碗里放入冰箱，这样可以保鲜若干天，只是需要每天换水。(图6、图7)

香草的冷冻期约为6个月，过了这段时间就会失去原有的风味。香草在解冻后不适合作配菜，但可以直接在冷冻状态下进行烹饪，也可以直接弄碎加入烹煮锅或混合在食材中制作菜肴。因为常绿香草较适合新鲜时食用，所以不必冷冻。一般来说，可以冷冻你最想食用的草本植物，如香葱、欧芹、鼠尾草或莳萝。采摘新鲜的香草，清洗，沥干，然后轻拍把水晾干。应把不同种类的香草分开，以防串味。香草不需要焯，可以冷冻小枝，在小食品袋中密封保存，或切碎后装进硅胶冰模：每个格子装1汤匙切碎的香草加1汤匙的水，冷冻时用保鲜膜把冰模包好，保留香草的风味；冷冻香草可以直接添加到食材中制作菜肴。

应在干燥、温暖的日子采摘处于最佳状态的香草。因为香草的储存环境需要尽可能干燥，所以在叶片干燥前最好不要清洗。如果需要，只需轻轻抖动，去掉上面的培养料即可。选择一个温暖、干燥、黑暗、通风良好的地方，温度最好在24～26℃左右；黑暗的环境有助于防止香草中油类的挥发。软叶香草应干燥4～5天，而叶片质地粗糙的香草要干燥2周。将同一品种最多10株左右的茎，用绳子绑住倒挂，头部松松地包在纸袋里。少量的可以铺在内衬密实细布的框架上，也可以铺在金属网架上放置的扎有细孔的牛皮纸上，待叶片干燥变脆时即可。香草干燥后可装在密封的容器里，不要弄得太碎，以保持风味。深色玻璃容器更适合用来储藏香草，因为塑料会吸收香味，而金属则会导致味道变化。还要注意，香草一定要放在黑暗、干燥的地方储存。

▶ 香草经常被使用，尤其在第**107**页、**122**页和**127**页都有用到

水萝卜

(*Raphanus sativus*)

水萝卜是你能种出的最漂亮、最美味的块根植物植物之一，而且也很好吃，并且生长快，容易栽培。夏季品种最适合容器栽培，因为很快就可以成熟。一直用来装饰沙拉的那些的很小的、圆形深粉色的水萝卜是最常见的品种。所有的水萝卜都有酥脆的白色果肉，有的品种有淡淡的芥末味，有的味道则较浓郁。水萝卜是生长速度最快的蔬菜之一，如果用钟形玻璃盖进行防护，不受霜冻的影响，一年四季都可以种植。水萝卜喜欢大量浇水。可以单独种植，也可以作为一种有用的补充作物，在成熟较慢的蔬菜之间栽培。水萝卜通常采用播种栽培。

种植和选址

■ 给水萝卜容器选择一个阳光充足的地方。挖大约 1 厘米深的穴，将细小的种子尽可能薄地播下，这样就几乎不需要间苗了。

■ 在上面筛一层薄薄的培养料并浇透水。每行之间留 15 厘米。鉴于水萝卜一旦成熟，质地会迅速下降，所以应该及时拔出来；与其同时种几行，不如间隔 2 周再播一次种。（图 1）

■ 当水萝卜苗长得大到可以处理时，进行间苗，间苗的距离为 2.5 ～ 5 厘米。丢弃间出的苗。

维护

■ 用小园艺用手叉或旧厨房用叉给花盆除草，防止伤根。（图 2）

■ 整个夏天，不断地给水萝卜浇水，防止变干，因为缺水会抑制其生长。

■ 如果鸟类对其构成危害，可能需要架设防护网或其他防护措施来保护作物。

可能出现的问题

虽然水萝卜被归为块根类蔬菜，但是与芸苔属植物有亲缘关系，也会受到相同害虫的侵害（见第 36 ～ 37 页）。

收获、储存和冷冻

播种后 4 ～ 6 周，就可以收获水萝卜了。在果实幼嫩的时候，根据需要多拔一些。如果有必要，可以把拔下来的水萝卜装进盛有水的容器中，这样放到冰箱里能储存 2～3 天。将叶片和根端剪掉，清洗干净后食用。水萝卜不适合冷冻储存。

盆栽快速入门

容器 适用于所有最小深度为 10 厘米的容器或窗槛花箱。

种植 早春之后。

位置 开阔、阳光充足处。

土壤 轻质、可以自由排水的培养料。

收获 晚春开始。

莴苣

(*Lactuca sativa*)

选择种植哪种莴苣品种，取决于个人的喜好，有多大的空间，以及想要多快就有可以吃的东西。莴苣有很多品种，形状、大小、质地和颜色各不相同，但只要培养料合适，所有的莴苣都很容易种植。莴苣主要有四种：卷心莴苣、奶油莴苣、直立莴苣（或长叶莴苣）和松叶莴苣，最后一种最容易种植。莴苣不需要专门的种植容器，可以安排种在生长缓慢的蔬菜之间，在同一个容器中的其他作物需要更多空间之前，莴苣就可以采摘了。莴苣可以播种，也可以购买幼苗培育。

盆栽快速入门

容器　适合种植于最小深度为10厘米的容器、窗槛花箱和种植袋中。

种植　早春播种，或在初夏购买幼苗进行种植。

位置　开阔、温暖、有遮阴、没有霜冻风险的地方；避免强烈的阳光。

土壤　肥沃、潮湿的非酸性培养料。

收获　初夏开始。

种植和选址

- 所有品种都可以直接在室外种植。需要种植时，选择一个阳光充足的地方，容器里装满肥沃的非酸性培养料——如果必要的话可以撒施石灰。在播种之前，可以混入一些通用肥料。
- 在大约 1 厘米深处条播，薄薄地播种种子。
- 随着幼苗生长，在第一片真叶出现的时候间苗，并防止蛞蝓危害。应在前一天浇水，根据品种不同，间苗距离约 15 ～ 30 厘米。丢弃间出的苗。撒施蛞蝓药或其他驱避剂。在较大的容器中，行距约 20 厘米。
- 预先育成的幼苗最好栽在种植袋和其他容器中。如上所述进行种植，并浇透水。（图 1）

维护

- 随时清除容器内的杂草。充分浇水，不要让培养料变干。
- 鸟类可能会对其构成危害，所以应安装防护网或其他防护设施。
- 在非常炎热的夏季，可能需要遮阴，因为在高温下叶片很快就会枯萎。（图 2）
- 随着冬季临近，用钟形玻璃盖保护越冬品种；这些品种不必浇太多水。

可能出现的问题

　　蛞蝓、蜗牛和蚜虫是最可能出现的害虫（见第 17 ～ 19 页）。

收获、储存和冷冻

　　通常在早上植株上有露水、叶片没有被太阳晒软时采收莴苣。结球品种通常在叶球丰满结实时就可以收获了。如果在盆里留得太久，就会开花结籽。可以根据需要，从茎的基部扯下或切下卷心莴苣、奶油莴苣和直立莴苣。对于松叶莴苣，可以整个切下，也可以根据需要摘几片叶片（细小的茎会重新长出叶片）。整棵莴苣可以在冰箱里储存 2 ～ 5 天（较硬的莴苣叶球储存的时间最长），但最好在采摘后尽快食用。莴苣不适合冷冻储存。

▶ 第111和125页上使用的农作物

其他沙拉叶菜

野苣（羊生菜或结业草）
(*Valerianella locusta, V. eriocarpa*)

陆生水芹（美洲水芹或山芥）
(*Barbarea verna*)

芝麻菜（芝麻生菜和箭生菜）
(*Eruca sativa, E. versicaria*)

如果想让沙拉碗变得更有生气，有各种各样的味道和口感，种植自己最喜欢的各种沙拉叶菜是最划算的方法。叶菜需要较凉爽的气候，不喜欢太热的环境。你会发现有几种类型可供选择，不过种植方法都类似。可以买到一些品种的种子或已育成的幼苗。

野苣 一种美味的沙拉用叶菜，叶片绿色，脆嫩柔软，有淡淡的、清新的生菜味。很容易栽培，如果有覆盖物就可以安全越冬。法国品种看起来像小而紧凑的莴苣，可以整个拔起来用作配菜或加到沙拉里；其他品种更有活力，也更容易长得扩散开来。

陆生水芹 如果你喜欢吃豆瓣菜，那么这种叶菜看起来和尝起来都很像豆瓣菜，非常适合用来点缀冬季的沙拉碗，也可以用来做成酱汁或汤。陆生水芹喜欢生长在潮湿、阴凉的地方，耐霜冻。

芝麻菜 现在已经成为了常用的沙拉叶菜。特意去买可能还有点贵，所以自己种绝对是物有所值。芝麻菜通常被归为草本植物，也可以像菠菜一样简单烹调，略略有些羽毛的深绿色小叶片有一种辛辣的胡椒味。很容易栽培，不过这种叶菜成熟后很快就会结籽，而且需要经常浇水。

种植和选址

■ 所有这些植物的种子最好直接播到室外的容器里。可以作为其他蔬菜之间的"补茬"作物进行种植，反过来还可以作为天然屏障，遮挡酷热的阳光。

■ 如果是单独种植，可以用一道细沙或一排卵石，将一整盆肥沃的非酸性培养料分隔开来。在每一分区中均匀地随机播下不同的种子，但不要播得太厚，然后再盖上一层薄薄的培养料。（图1）

■ 如果想让不同的叶菜同时成熟，一定要核验发芽时间。例如，野苣与芝麻菜相比，需要更长的时间才能成熟，所以要比芝麻菜早几天播种，以便同时收获。

■ 生长发育过程中，如果想要更大的叶片，只需要间苗即可；随时采收。

维护

■ 保持容器内无杂草。充分浇水，不要让培养料变干。

■ 必要时要遮阴。试着用起绒布遮挡强烈的阳光，以免叶片枯萎（见第71页图2的遮阴方法）。

- 鸟类可能会对其构成危害，所以应安装防护网或其他防护设备。
- 随着冬季的临近，可以用钟形玻璃盖保护越冬品种；这些品种不必浇太多水。

可能出现的问题

除了鸟类，通常没有问题，但芝麻菜会招引跳甲（见第17～19页）。

收获、储存和冷冻

所有的沙拉叶菜都最好在需要时随采随用。这些叶菜都不宜储存，不过，如果有必要的话，把叶片浸泡在盛有冷水的碗中，放入冰箱可以保存24小时。可以采摘单独的叶片，让植株重新萌发出叶片，也可以拔掉整株植株。对丁陆生水芹来说，应首先采摘外层的叶子，让生长点长出更多的叶片。当沙拉叶菜变老时，叶片会变硬，那么可以只食用中间部分的叶子。沙拉叶菜不适合冷冻。（图2）

▶ 第114页使用的农作物

盆栽快速入门

容器 适合种植于所有最小深度为10厘米的容器或窗槛花箱中。

种植 春季、夏末到早秋播种（视品种而定）。

位置 阴凉、不太热的场所；避免强烈的阳光。

土壤 肥沃、潮湿的非酸性培养料。

收获 夏末、秋季、冬季（视品种而定）。

黄瓜和
小黄瓜

(Cucumis sativus)

盆栽快速入门

容器 适合种植于最小深度为20厘米的大型容器中。

种植 在晚春播种，或者在初夏购买幼苗种植。

位置 温暖、阳光充足、没有霜冻风险的遮阴处。

土壤 非常肥沃、排水良好的培养料。

收获 仲夏至夏末。

　　没有酥脆多汁的黄瓜，沙拉是不完整的。如果是盆栽，最好选择适宜生长在户外的较耐寒、较健壮的脊皮黄瓜，应选择丛生品种而不是攀缘品种。小黄瓜是一种有脊的小黄瓜，是腌制的理想材料，也可以用来做蔬菜沙拉。除了常见的深绿色的品种外，你还会发现黄色或白色的黄瓜，有的短小粗壮，甚至有圆形的果实。大多数黄瓜品种都畏寒，需要长期的温暖气候才能正常生长。黄瓜和小黄瓜可以播种或用育成的幼苗进行栽培。

种植和选址

- 所有的黄瓜种子都需要在室内催芽。如第 14 页所述，在单个模块或花盆中尽可能稀疏地播种。为了促芽，温度需要保持在 20 ～ 25℃之间。用培育箱盖盖住以获得最佳效果。
- 随着幼苗的生长，应放在较冷凉、明亮的环境中，但注意不要放在太阳直射的地方。
- 逐渐锻炼植物 2 ～ 3 周，使其适应室外温度后，再移植到容器中。
- 没有霜冻的危险后，就可以把幼苗种在所选的容器里了——建议每盆种一棵。在周围撒一些蛞蝓药或类似的抑制剂。
- 当长出最初的六片或七片叶片时，掐掉顶部，促使植物长出分枝。注意不要损坏或去除雄花（不能结果的花），因为授粉时需要雄花。（图 1、图 2）

维护

- 要经常除草，在幼苗周围浇透水，不要从上面浇水。
- 定期更换蛞蝓药或类似的驱虫药。
- 一旦果实开始膨大，每两周施一次高钾肥料。

可能出现的问题

　　如果蛞蝓和蜗牛咬断茎，可能会对植株造成毁灭性的危害。有可能会发生黄瓜花叶病（见第 17 ～ 19 页）。

收获、储存和冷冻

　　如果留着不采摘，黄瓜就会长得很大，但味道会变差，因此，当黄瓜长到适当大小时（大小取决于品种）最好及时采摘，采摘时间通常是在 7 月底到 9 月中旬。当小黄瓜长到 5 ～ 8 厘米的时候就可以采摘了。经常采摘黄瓜和小黄瓜，还会促使植株结出更多的果实。采摘时用锋利的刀把果实从茎上切下，不要用力拉，以免损伤植株。与所有含水量高的蔬菜一样，黄瓜最好采摘后立即食用。大黄瓜用保鲜膜裹严实，放在冰箱里可以储存 2 ～ 3 天；小黄瓜会很快变软，所以最好在采摘的当天腌制或食用。这两种黄瓜都不适合冷冻储存。

▶ 第106和107页使用的农作物

芽菜

这些很小的芽菜富含维生素和矿物质，其实它们是各种植物的"刚刚发芽"的种子。事实上，芽菜可能是我们尝试栽种的第一种东西——有多少人上学的时候在吸墨纸上种过芽菜种子？自己种植芽菜是最划算、最健康的方法，因为只需要在它们发芽后剪断，快速清洗一下，就能享用新鲜美味的芽菜了。播种后最短 5 天就可以吃了。种植芽菜只需要一个果酱罐就可以了，但如果你愿意的话，也可以找特制的种子发芽器来种。可以试试发苜蓿芽、红豆芽、西兰花芽、鹰嘴豆芽、豆瓣菜芽、葫芦巴芽、绿扁豆芽、绿豆芽或芥菜芽。所有的芽菜都能为沙拉和三明治增添特有的味道和口感。芽菜生吃最有营养，不过，也可以在烹饪至最后时加入，快速翻炒出锅。

盆栽快速入门

容器 果酱瓶、生长垫、托盘、浅底盘或专门的种子培育箱。

种植 一年四季都可以播种种植。

位置 温暖明亮处，但不需要充足的日光。

土壤 不需要土壤，只需要水。

收获 全年。

种植和选址

- 选好要发芽的种子或豆类，将一汤匙量的种子或豆放入干净的大广口果酱罐里，用冷水浸泡，盖上干净的茶巾或厨房纸巾，将果酱罐放在温暖的窗台上过夜。
- 第二天，用筛子滤出种子，然后用冷水冲洗。把罐子冲洗干净，把种子放回罐子里。用一块棉布盖住瓶口，用橡皮筋固定。将冷水通过棉布倒在种子上。（图1）
- 第二天，无须去掉棉布，把浸泡种子的水倒出来，将罐子在温暖的窗台上放2～4天，直到种子发芽，每天至少用水冲洗两次。
- 如果是用特制的种子培育箱，为了获得最好的效果，请按照制造商的说明使用。
- 紫花苜蓿、西洋菜和芥菜的种子可以种在潮湿的厨房纸巾上，放在小托盘或浅底盘里。只需在盘子里铺上一块薄薄的厨房纸巾，将纸彻底打湿，沥干多余的水。把种子均匀地撒在整张纸上，注意不要撒得太厚。将盘子放置在温暖、光线充足的地方，大约等待一周的时间。注意保持纸张湿润，但不要湿透。（图2）

维护

- 保持种子湿润，但不要太湿。
- 避免阳光直射，避免环境过热。
- 去掉发霉的芽；如果种子有了酸味，就扔掉这批，用新鲜的种子重新开始发。

可能出现的问题

芽菜一般没有什么问题。

收获、储存和冷冻

在理想的条件下，种植芽菜需要5～10天。当芽长到2.5厘米高，也长出了绿叶的时候，就可以收获了。用剪刀把芽菜从纸质基质上剪下来。食用前应将芽菜冲洗干净，然后用厨房纸巾轻轻拍干。最好在收获后尽快食用，以获得最大的营养价值和口感，不过，可以将芽菜装在密封的袋子里放到冰箱里，这样能储存2～3天。芽菜不适合冷冻储存。

▶ 第111和117页使用的农作物

西红柿

(*Lycopersicon esculentum*)

　　就像自家种植的胡萝卜一样，刚从藤上摘下来的西红柿与买到的相比，味道有明显的不同。没有什么能比得上那新鲜的味道和亲自种出的多汁甜美的果实。虽然有些品种的西红柿只能在温室条件下种植，但是也有很多品种可以在室外生长，这些品种最适合在容器中栽培。攀缘西红柿在生长发育中会偏离粗壮的主茎，因而需要框架或细竿的支撑。灌木品种则不需要支撑物，这些品种有蔓生习性，使之成为花盆和种植者的理想选择。迷你和超迷你水果西红柿品种非常适合种在挂篮和窗槛花箱中。可以播种种植，但更常见的是，从苗圃或园艺中心购买西红柿幼苗。

种植和选址

- 选择盆栽幼苗时，应挑选外观挺拔、主茎匀称的深绿色植株。应给室内的幼苗充分浇水和保暖，直到它长大可以移植到户外为止。（图1）
- 即使是适合在室外种植的西红柿也很柔嫩，所以要选择栽种在最温暖、阳光最充足的地方。通常情况下，6月是最佳的移栽时间，但如果天气仍然较凉，则应再等几周。
- 在移栽前应给培养料浇水，并混入一些通用肥料。
- 对于要种植在吊篮中的翻垂型和灌木型品种，培养料中挖的穴应略大于育苗用花盆的大小。确保培养料球的顶部（当把植株从容器中取出时附着在植物的根上的培养料）刚好位于培养料表层之下。每个吊篮种一至三株翻垂型品种幼苗，视吊篮的种类及大小而定。灌木型西红柿种在大一点的容器或窗槛花箱中，每盆一株或间隔20厘米种植一株。
- 翻垂型和灌木型西红柿不需要支撑，在生长的过程中，不需要除去嫩枝。
- 种植后浇透水。（图2）
- 对于攀缘（或单干型）品种，需要在所选容器中为每一株植物放置适当高度的支撑物，并将茎松散地绑在细竿上。种植后浇透水。随着植株生长，要不断地捆绑茎干，并去掉出现的侧芽。一旦植物长到细竿的顶端，就把生长点掐掉。

维护

- 保持容器内无杂草，同时充分浇水。
- 一旦果实开始膨大，应每隔10天施用高钾肥料。

可能出现的问题

室外种植的西红柿会遭受马铃薯枯萎病和花叶病毒的侵害（见第 17 ～ 19 页）。

收获、储存和冷冻

从 8 月到 10 月都可以采摘户外的西红柿。如果西红柿留在植株上长到成熟，味道会更好一些，不过，摘下来的西红柿也会继续成熟。把西红柿拿在手里，用手指压住茎，在西红柿上方的节点处把果实掰下来。西红柿成熟后，还可以在冰箱里储存几天，但最好在新鲜时享用。如果已经冷冻了，应使其恢复到室温后再食用。

如果有霜冻的危险，应把所有的西红柿都摘下来，放在阳光充足的窗台上，在室内成熟。如果有需要的话，也可以把摘下来的西红柿和成熟的香蕉放在一个纸袋里，加速成熟。最好是把西红柿做成酱汁、菜泥或食谱的一部分冷冻储存。

▶ 第112、114和120页使用的农作物

盆栽快速入门

容器　迷你品种适合种植于所有最小深度为 10 厘米的容器和窗槛花箱中，矮生和标准品种要求容器最小深度为 20 厘米。

种植　仲春。

位置　阳光充足（最好朝南）、遮阴处。

土壤　轻质、微酸性、排水良好的肥沃培养料。

收获　夏末开始。

苹果

(Malus domestica)

已经选育出了适于在容器中栽培的小型或矮生果树品种;这些品种砧木矮化,不会长成高大的树木。苹果树通常用买来的树苗栽培而成,通常需要两到三年才能结果。挑选要种植的品种时可能有些望而生畏,不过可以去苗圃询问专家的建议。虽然每年培育出的自花传粉树越来越多,但大多数苹果树需要另一种品种的果树来授粉。为了能结果,可能需要选择两个相宜的品种,所以在购买之前要先核实一下。

种植和选址

- 选择种植地点的时候,要记住容器装满后会很重,所以可能会在同一个位置上摆放好几年。最好选开阔、阳光充足的地方。应在堆肥中多混入一些有机质。
- 在秋天和早春,天气好的时候,随时都可以种下根系裸露的小树苗,专门培育出来的种在容器中的树苗可以在任何时候种植,除非是极端环境条件。
- 在容器中挖一个比树根宽三分之一的穴,然后牢牢地插入一根棍子,稍稍偏离中心位置,以此作为支撑物。
- 如果树苗根系裸露,应小心地将根系展开。你可能会发现,开始填充培养料时,把树靠在肩膀上操作起来会更方便,随之将树苗固定好,确保树苗稳定不倒。继续装填培养料至树干上的培养料痕迹处。(第 87 页图 1)
- 若是容器中培育的绿植,种植前应先将根块浸泡 1 小时,挖一个与根块大小相同的穴(如需要可加一根木棍)。整理好凌乱的根系后再种,使根块的顶部与培养料表面持平。回填根块周围的培养料,固定好植株并浇水。
- 用橡胶树扎带绑在木棍上,缠绕树干进行固定。(第 82 页图 1)

维护

- 浇透水,确保新植的树不会变干。
- 排水良好很重要,必要时可以把花盆放在砖块上。
- 每年春天用有机质覆盖树干基部。
- 如果有晚霜,可以用起绒布保护花,不过,如果种在有极端天气的地方,最好选择晚花品种。(第 81 页图 1)
- 春夏坐果后,如果太密则应疏果,这样苹果就不会碰在一起了。(第 81 页图 2)
- 每年在容器培养料表层施一次肥,帮助延长树木的寿命。在冬末春初时,尽可能刮掉旧培养料,不要弄伤或暴露根系。

用混合有缓释（高钾）植物性养分的新鲜培养料代替。应避免使用高氮肥料，因为这些肥料会促进叶片生长而不是花和果实的生长发育。

■ 修剪时，一定要遵循有关树木的养护建议，一般来说，在种植后的第一个冬天，应保留所有健康的枝条，只除去弱枝。把主顶芽和其他上部的嫩梢截至与主干的连接相距 18 厘米处，始终缩剪至芽的上方。把下方的嫩梢修剪到与主干连接处 24 厘米以内。如果树苗长势较好，应将所有新长出的枝条从与上一年的枝条连接处相距 18 厘米处截断，在夏天也应进行修剪以保持良好的树形。（图 3）

可能出现的问题

苹果树容易受到几种病害虫的影响，最常见的是黄蜂、鸟类、溃疡病和苹果蠹蛾（见第 17 ～ 19 页）。

收获、储存和冷冻

要判断苹果是否已成熟并且可以采摘，应把手掌放在苹果下面，接着往上抬并轻轻地扭转，苹果很容易就能连着果柄摘下来即可。摘下来的苹果可以在冰箱中保存 2 周，但如果在温暖的环境中会变质腐烂。只有晚熟的苹果才能保存过冬，而且必须完好无损。用报纸将苹果逐个包起来，单层摆放，纸张皱褶向下，放在通风的架子上或盒子里。放在阴凉、黑暗的地方，定期查看，扔掉坏果。

冷冻时，去皮、去核后切片。放入碗中，碗中加冷开水，每 1.2 升水加入 1 汤匙盐，防止苹果变色。冲洗后，在沸水中焯 30 秒，沥干后冷却。在有内衬的托盘上开放冷冻直至冻结，然后装进冷冻袋或容器中。这样放入冰箱可以储存 12 个月。从冰箱中取出来的冷冻苹果可以直接放在馅饼、果盘中食用。炖煮过的苹果或苹果酱冷却后装入冷冻容器中，可以储存 12 个月。食用前一夜在冰箱中解冻。

▶ 第131和137页使用的农作物

樱桃

(*Prunus species*)

樱桃树树形通常较高大，因此不像苹果树那样普遍。不过，目前也有几个可用来盆栽的小型樱桃果树品种；这些品种很容易养护，免受鸟类的危害，而且占据的空间也较小。通常推荐种植一些食用的甜樱桃品种（最好选能自体受精的品种，因为给樱桃树授粉比其他木本果树更复杂），以及烹饪和腌制的酸樱桃品种。酸樱桃树能自体受精，所以只需要种一棵即可，这些品种更耐寒，通常是最小型的樱桃树。樱桃树通常可以用购买的树苗或即将成年的小树栽培而成。如果不确定有关品种是否适合，请在购买前询问专业人员。

种植和选址

■ 选择地点的时候，记住容器在装满后会很重，所以可能会在同样的位置放好几年。所有的樱桃树都喜阳光和温暖，所以最好是选朝南的位置，不过，酸樱桃树可以忍受较冷的气候和较少的阳光。所有樱桃树都不喜欢潮湿或寒冷的环境。

■ 容器里的培养料应具有较好的排水性和保墒性，但注意不要被水浸透。

■ 樱桃树的种植准备工作和注意事项与苹果树相同（见第80～81页）。

维护

■ 用有机质覆盖根部，帮助改善培养料中的水分含量，给树木提供营养。

■ 充分浇水，确保新种下的树不会变干，保持容器内无杂草和支撑结构稳固。（图1）

■ 樱桃树不需要疏果。当果实开始变色时,应在树上盖上防护网,保护树木免受鸟类的危害。（第81页图1）

■ 施表肥，或每年更换一次容器内上层的培养料，以延长树木的寿命。（图2）

■ 甜樱桃树几乎不需要进行修剪，只需除去坏死或破损的枝条或交叉的分枝即可。两年树龄以上的树木会在短侧枝坐果。成龄果树需要在夏天进行修剪，限制枝叶生长，促进花芽的形成。

■ 酸樱桃长在新枝上，所以收获果实后，应把结果的枝短截至一半。除去死枝、破损枝或交叉枝。初夏，将新梢的数量减少到大约每7厘米一个。

■ 拔除树干或树底部的嫩枝，注意这时不要使用修枝剪。

可能出现的问题

　　鸟类是对樱桃树最大的威胁，不过，樱桃也会受到蚜虫的危害。银叶病和褐腐病是最常见的病害（见第 17 ～ 19 页）。

收获、储存和冷冻

　　用手就可以很容易地把甜樱桃从树上摘下来。收获时应选择一天中较凉爽的时间，因为这时树叶不会萎蔫下垂，不会把果实遮挡住。剪酸樱桃时应保持果柄完整，以免造成破损。为了获得最佳效果，这两种樱桃都应该在采摘当天直接食用或用于烹饪，不过若有必要，未清洗的樱桃也可以在冰箱中储存 2 ～ 3 天。

　　新鲜的樱桃可以像树莓一样冷冻，不过一旦解冻就会失去部分应有的口感。煮熟的樱桃也可以冷冻。

▶ 第127页使用的农作物

盆栽快速入门

容器　适合种植于最小深度为 45 厘米的大型容器中。

种植　最好是在 10 月到次年 3 月，不过，只要条件有利，任何时候都可以种植。

位置　阳光充足、遮阴处。

土壤　排水良好、轻质、肥沃的培养料，需具有一定的保墒性。

修剪　酸樱桃（春季和夏季）；甜樱桃（夏天）。

收获　7 月到 9 月，视品种而定。

梨

(Pyrus communis)

梨树比苹果树需要更多的阳光和水。梨树开花早，最好种在避风的地方以防晚霜，如果种植地区有霜冻的危险，可以选择晚花品种。梨树比苹果树更喜欢修剪，市面上可以找到若干适合容器栽培的梨树品种（选择砧木矮化的品种）。梨通常不能自花授粉；不断有新的研究进展，只要稍稍用心，无论如何都能够找到一种可以自花授粉的品种。不然，就需要种两株能相配的同时开花的植株，才能结果。不同品种结果期从8月到10月底不等。梨树通常是由购买的树苗或已经成年的小树栽培而成。如果不确定该品种是否适合种植，可以在购买前咨询专业人员。

种植和选址

- 选择蔽阴、阳光充足的位置，培养料应排水良好，有保墒性。
- 梨树的种植准备工作和注意事项与苹果树相同（见第80～81页）。

盆栽快速入门

容器　适合种植于最小深度为45厘米的大型容器中。

种植　理想的种植时间是10月到次年3月，但只要条件有利，任何时候都可以种植。

位置　阳光充足、蔽阴处。

土壤　排水良好、肥沃、有保墒性的培养料。

修剪　7月、11月到次年2月。

收获　8月到10月，视品种而定。

维护

- 梨树需要的防护措施、浇水、施肥、覆盖和疏苗同苹果树。
- 为了延长梨树的寿命，应施用表肥，或每年更换一次容器上层的培养料（见第 82 页图 2）。
- 梨树幼树的修剪每三年一个周期。第一年,侧枝绕着树干生长；第二年，这些嫩枝上长出花芽；第三年花芽结果。结果和收获后，应将侧枝回剪至距离主茎 2.5 厘米以内；这样可以在未来三年内形成新的、更健壮的侧枝并结果，这也同样需要应用以上修剪方式。随着主茎继续生长，生出更多的侧枝，就会每年连续结果。
- 冬季，剪掉缠绕在一起的枝条和短侧枝，除去长势弱、死亡或受损的生长点。始终遵循有关果树的养护建议和维护方法。

可能出现的问题

梨树容易遭受的虫害和感染的疾病与苹果树相同，此外还有溃疡病和褐腐病（见第 17 ～ 19 页）。

收获、储存和冷冻

大多数梨从树上采摘后才达到完全成熟。早熟的品种需要在果实成熟但仍很硬的时候从树上剪下来。中晚熟果实可以从树上轻轻扭动摘下来。（图 1）

冬储梨不需要包装。单层摆放在架子或托盘上，不要触碰，内衬纸板模压的水果托盘，以保持一定的间隔。冬储梨需完好无损，并且需要经常进行检查。一旦果实果柄端开始变软，就应拿到室内,在约 16℃ 的温度下储存 2 ～ 3 天,完成催熟。（图 2）

梨如果冷冻，解冻后会变色，而且变得又软又多汁。也可以做成果泥再冷冻，或在浓糖浆中煮成果泥，可以加入适量柠檬汁以获得更好的效果。

▶ 第131页使用的农作物

李子

(Prunus domestica)

盆栽快速入门

容器 适合种植于最小深度为
45 厘米的大型容器中。

种植 最理想的时间是 11 月到
次年 3 月，但只要条件有利，
任何时候都可以种植。

位置 蔽阴、向阳处。

土壤 丰饶、保墒性好的培养
料，不过比其他木本果树更能
忍受干燥的环境条件。

修剪 夏季。

收获 8 月到 9 月。

　　李子是一种多汁、风味浓郁的水果，种植方式与梨非常相似，但与梨不同的是，李子有几种自体施肥品种可供选择。一般来说，李子树喜欢阳光、温暖、蔽阴的环境和排水良好的培养料；李子树开花较早，如果当地有晚霜，应选择适合较极端气候的品种。李子主要作为乔木或灌木进行栽培，不过也有若干砧木矮化、较适合容器栽培的品种。李子树通常由购买的树苗或成年小树栽培而成。与其他果树一样，如果对有关品种没把握，可以在购买前咨询专业人员。

种植和选址

■ 选择开阔、阳光充足、没有晚霜的地方。在较冷凉的气候条件下，最好选择靠近阳面墙壁的地方，防止发生冻害。通过掘土掺入大量有机质，确保培养料肥沃且具有保墒性。

■ 李子树的种植准备工作和注意事项与苹果树和梨树相同。（图1）

维护

■ 李子树需要的防护、浇水、施肥和覆盖步骤与苹果树和梨树相同。

■ 如果坐果率很高，在核形成时就应开始疏果，使之间隔约5厘米。

■ 李子树应在7月到8月进行修剪，以降低感染银叶病的风险（见第19页），在较凉的气候下尤其如此。指导原则是：只在有必要的时候才修剪。李子树在1年生的嫩枝以及2年生的木质化枝条和短侧枝上结果。如果树形适当，只需把留存新生枝修剪至从旧木质化枝条抽出六片叶处，并剪去交叉枝或过密的枝条，生病或受损的木质化枝条缩剪至健康枝条处。（图2）

可能出现的问题

　　黄蜂和鸟类以及蚜虫都可能对李子树构成危害。其他一些会对其造成危害的病害有银叶病、溃疡病和褐腐病（见17～19页）。

收获、储存和冷冻

　　李子的收获期在8月到9月。在李子熟透之前，就可摘取李子用于烹饪、保鲜和冷冻。如果是生食，可以留在树上等果子熟透再摘，这样吃起来会更甜。如果天气过于潮湿，建议摘下果实，以免果皮裂开。应把果实带着果柄从树上摘下来。和其他水果一样，李子最好在采摘后尽快食用。（图3）

　　新鲜的李子不适合冷冻，因为解冻后果皮会变得很硬。最好切成两半，用水煮后，存放在硬质容器里，上面放上浓糖浆，再加上柠檬汁，或者煮熟或做成果泥再冷冻。

▶ 第117页使用的农作物

蓝莓

(*Vaccinium corymbosum*)

在北半球的部分地区，本土的越橘或覆盆子已经在野外生长了很多年，不过，在过去大约十年间，美国的"高丛"蓝莓变得流行了起来。这种栽培品种能结出更多更大的果实，在花园中很引人注目。蓝莓植株需要大量湿润的酸性培养料才能生长，因此，通常建议种在花盆中而不是地里。蓝莓需要一段时间才能有适当的收成，大约五年之后，长势良好的蓝莓树能产出数量相当可观的果实。树叶在秋天变成美丽的红色，从而增添了一抹难得的色彩。这种植物很耐寒，不过，也需要保护果实不受鸟类的侵害。蓝莓树可以购买树苗栽培而成。

盆栽快速入门

容器　适合种植于最小深度为45厘米的中、大型容器中。

种植　冬季（11月到次年3月）。

位置　阳光充足的地方，以便于使果实成熟，不过蓝莓也能忍受轻微的遮阴。

土壤　肥沃、易排水的酸性培养料。

修剪　从11月到次年3月。

收获　盛夏到初秋，视品种而定。

种植和选址

- 应选择阳光充足的地方，不过，蓝莓树也可以忍受轻微的遮阴。培养料必须是酸性的（pH 值在 4 ～ 5.5 之间），所以最好在容器里使用杜鹃花科植物专用培养料。用硫酸钾或硫酸铵肥料施肥，避免使用含有石灰或钙的肥料。
- 在深秋到冬末天气条件有利的时候种植。
- 在种植前，将盆栽绿植放在装有雨水的桶中浸泡 1 小时。
- 在选好的容器中挖一个比绿植花盆略大的穴，然后把植物从花盆中小心地移到穴中。每个容器种一株。用培养料覆盖根部约 5 厘米高，轻轻压实。（图 1）

维护

- 随着植株渐渐成熟，应使用潮湿的杜鹃花科培养料或腐叶土覆盖根部，以保持水分，注意不要让培养料变干。（图 2）
- 宜用雨水浇灌，保持酸性水平。
- 用防护网进行保护，使鸟类远离果实。
- 蓝莓会在二年或三年生的木质树干上结果，所以应在第一次收获完成之后进行修剪。在冬天或早春，剪掉枯枝和弱枝，并将最老的枝截去三分之一，促进新枝的生长。

可能出现的问题

除了鸟类的侵害，萎黄病也可能对植株造成危害（见第 17 ～ 19 页）。

收获、储存和冷冻

7 月中旬到 9 月就可以采摘了。当蓝莓变成均匀的蓝色并开有少量的花时，就可以采收了。采收会持续几个星期。（图 3）

蓝莓不能后熟，所以在果柄处略带绿色或微红色时不要采收，因为这表示蓝莓还没有成熟。每株植物都要仔细检查数次，以确保将所有的果实都摘下来了。和其他浆果一样，蓝莓采摘后也应尽快食用。如果需要，也可以不清洗，置于冰箱中，这样能储存 24 小时，等食用前进行清洗。蓝莓的冷冻与树莓相同，可以直接在冷冻状态下进行烹煮（见第 97 页）；也可以生吃，注意解冻后蓝莓会变软。

▶ 第127和138页使用的农作物

蔓越莓

(*Vaccinium oxycoccos*)

这种浆果香味浓郁，富含维生素 C，是感恩节和圣诞节的餐桌上的必不可少的食物。这种常绿灌木低矮，生长缓慢，在湿润的酸性培养料中生长最好，需要保持培养料湿润，可以作为容器栽培的理想选择。蔓越莓可以作为吊篮里的蔓生植物，晚春娇嫩的花朵和秋天五彩缤纷的叶子使蔓越莓一年四季都很有吸引力。购买蔓越莓时，一定要购买成年蔓越莓果树，因为多数蔓越莓品种至少在树龄 2 年以下都不会有很好的收成。成年果树可以从专业的苗圃购买。

盆栽快速入门

容器 适合种植于所有最小深度为 20 厘米的容器中。

种植 春天。

位置 阳光处或部分遮阴；应避免强烈的阳光，因为会使植物迅速变干。

土壤 保墒性好、肥沃的酸性培养料。

收获 从 9 月到第一次霜冻为止。

种植和选址

- 春天，选择阳光充足的地势或部分遮阴处。培养料必须是酸性的（pH 值在 4 ～ 5.5 之间），所以最好在容器里使用杜鹃花科植物专用培养料。用硫酸钾或硫酸铵施肥，避免使用含有石灰或钙的肥料。在种植前，确保培养料是湿润的。
- 种植前将植物浸泡在装满雨水的容器中大约 1 小时。（图 1）
- 在容器里的培养料中挖一个和花盆一样大的穴，每个容器种一棵。轻轻地压实。在头几年不要对这些植物的收成抱太大希望。（图 2）
- 如果空间允许，可以一次种植几株，有助于授粉。

维护

- 用网状物进行防护，使鸟类远离果实，特别是天气逐渐变冷的时候更应该注意防护。
- 蔓越莓需要大量浇水；应该用雨水浇灌保持湿润，但小心不要"淹死"植物。
- 在春夏的生长期，每个月施少许肥料。
- 几乎不需要进行修剪，只需在采收果实后，简单地缩剪零乱的茎。
- 蔓越莓树容器的使用期限大约是 3 年，3 年后植物可能需要更换容器或移栽至更大的容器中，用到的杜鹃花类植物培养料也会更多。

可能出现的问题

　　除了鸟类，萎黄病也会对植株构成危害（见第 17 ～ 19 页）。

收获、储存和冷冻

　　果实从 9 月开始成熟，最好在第一次霜冻前果实通体颜色均匀时进行采摘。（图 3）蔓越莓从树上摘下来后，能保存好几个星期，可以一直这么放在冰箱里，在圣诞节时享用，在食用前清洗一下。蔓越莓不能生吃，烹煮时需要加大量的糖来增加甜味。蔓越莓的冷冻方法与树莓一样，最好直接在冷冻状态下进行烹煮（见第 97 页）。

▶ 第131页使用的农作物

黑加仑、红加仑、白加仑

(*Ribes nigrum* and *Ribes sativum*)

黑加仑是所有加仑品中最耐寒的，通常生长良好。黑加仑很容易栽培，寿命可以长达 10 年。丛生的黑加仑不需要支撑物，所以容器栽培应选择紧凑的灌木品种。红加仑和白加仑可以调整树形，空间不足时它们就成了理想的选择，它们与黑加仑一样很容易种植。所有的加仑树都可以用购买的灌木栽培而成。

种植和选址

- 花盆应选择放在阳光充足、有遮阴的地方，装填肥沃、保墒性良好、添加了充分腐熟的有机质的培养料。
- 加仑树应在秋天和早春天气有利的时候种植。在种植之前，将植株在装有水的容器中浸泡 1 小时。
- 挖一个宽度足够将根系伸展开，深度足以使旧的培养料痕迹埋在土表以下 5 厘米的穴。每个容器种植一株。
- 种植黑加仑后，要将所有嫩枝缩剪至只剩一个芽，以促进新枝的萌发。对于红加仑和白加仑，种植后如有侧枝，应将其缩剪至一个芽，如果没有，则种植后不需要修剪。（图 1）

维护

- 红加仑和白加仑在生长过程中会长出徒长枝，应该在 6 月或 7 月，当质地还很软时，将其从茎或根上扯下，注意此时不要使用修枝剪。
- 春季用充分腐熟的有机质以及钾肥（黑加仑树用氮肥）为加仑树根部进行覆盖。
- 干燥的天气应浇水，果实成熟时不要浇水，否则可能会导致裂果。
- 一旦结果，应用防护网或其他鸟害防护措施进行防护。
- 定期修剪对于获得高产非常重要。红加仑和白加仑树最好修剪成中心开放的灌木丛（修剪参见 95 页的醋栗）。
- 种植黑加仑树后的第一个冬天，应剪掉或缩剪弱枝。每年冬天持续剪除死枝、弱枝以及三分之一的老枝，以促进新枝萌发，同时要避免枝条保留超过四年。具体操作时要注意，新梢是米色的，而多年生木质化枝条则是灰黑色的。如果剪短新梢的长度，则会抑制果实的形成。（图 2）

可能出现的问题

除了鸟类的侵害，蚜虫和灰霉病也会对植株构成危害（见第 17 ～ 19 页）。

收获、储存和冷冻

　　黑加仑完全成熟之后才可以进行采摘，这大约是在果实变成亮黑色一周后。树枝顶端的最熟。红加仑和白加仑一旦成熟就要采摘，不能在树上留太长时间，否则很快就会腐坏，而且如果太过成熟就会很难干净利索地摘下来。应该在采摘后尽快食用，食用前应进行清洗。

　　所有的加仑都可以冷冻，去掉果柄，洗净晾干后装入硬质容器中。可以储存 12 个月之久，在冷冻状态下可用于制作馅饼、布丁和果酱。一串一串地冷冻效果较好，最好敞开冷冻，然后装进容器里——解冻后保持完好的加仑可以用作食物摆盘或甜品装饰。也可以将未清洗的每 450 克红加仑或白加仑，或每 150～175g 黑加仑，加 115 克糖，分层放入硬质容器中进行冷冻，可用于制作馅饼和甜点。也可以用少量的水和糖炖煮，冷却后随之进行冷冻，或者绞成果泥再冷冻。

▶ 第127和128页使用的农作物

盆栽快速入门

容器 适合种植于最小深度为 30 厘米的中、大型容器中。

种植 冬季(11 月到次年 3 月)。

位置 阳光充足的地方，以便丁使果实成熟；黑加仑可以忍受轻微的遮阴。应保护植株免受寒冷干燥的强风的影响。

土壤 肥沃、能保持水分的肥沃培养料。

修剪 冬天和夏天,视品种而定。

收获 6 月到 8 月。

醋栗

(*Ribes uva-crispa*)

　　醋栗非常耐寒，为我们提供了一年中最早采摘的浆果果实。丛生醋栗很容易种植，也可以修剪打理成隔离带或直立式株型。有几个醋栗品种可以选择，浆果有甜的，也有酸的，有大有小，颜色有白色、黄色、绿色和红色的。直立式株型是容器栽培的最佳选择。可以购买小树苗栽培而成。

种植和选址

- 容器应选择放在开阔、阳光充足的地方，不过，醋栗也可以忍受轻微的遮阴。培养料应大量施用腐熟良好的肥料。
- 在秋天或早春天气有利的时候种植树苗。在种植之前，应将植株浸泡在装有水的容器中 1 小时。
- 在容器里的培养料中挖一个穴，穴要足够大以避免影响植物的根系，但不要太深。小心地用培养料盖好根部，并轻轻地压实。每个容器种植一株树苗。（图 1）
- 如果种植后发现有侧枝，应缩剪至一个芽。

维护

- 醋栗在生长过程中会抽生徒长枝——应该在 6 月或 7 月木质柔软时从茎或根上扯下，注意这时不要使用修枝剪。
- 围着醋栗树丛除草时要小心，因为醋栗根系分布较浅，很容易伤根。

盆栽快速入门

容器　适合种植于最小深度为 30 厘米的中、大型容器中。

种植　从 10 月到次年 3 月。

位置　开阔、阳光充足的地方或部分遮阴处，如果天气太热，则需要进行遮阴。

土壤　肥沃、排水良好、湿润的培养料。

修剪　冬季和夏季。

收获　5 月下旬到 8 月，视品种而定。

- 醋栗需要钾浓度较高的肥料，此外，还需要定期用腐熟良好的粪肥覆盖根部。
- 新梢容易遭受鸟类侵害，也需要防护免受强风危害，所以可能需要架设防护网和防风屏障。
- 干燥的天气应浇水，不过果实成熟时不必浇水，因为可能导致裂果。
- 密度太大的植株应从 5 月份开始疏果，从每根枝条上摘除浆果，促使留下的果实进一步膨大（未成熟的果实可以用来制作果酱）。
- 醋栗树丛需要修剪，以保持树形。茎生有尖刺，所以应佩戴手套进行操作。冬天剪除受损枝和交叉枝。将上一年的新枝短截至两个芽，并剪除所有中心的嫩枝或交叉枝，保持植株的敞形结构。每年都应遵循相同的步骤，只让主干上的分枝数量增加。在冬天，把主干上的新生枝稍缩剪大约一半，把其余茎上的侧枝缩剪至两个芽。如有需要，可于 6 月后剪掉中心或其他部位多余的新生枝。（图 2）

可能出现的问题

除了鸟类的侵害，白粉病也是一个问题（见第 17 ～ 19 页）。

收获、储存和冷冻

收获依品种而不同，不过，通常是在 6 月到 8 月；当轻轻地按压浆果感觉变软时就可以小心地采摘了。

醋栗可以用不同的方式冷冻。不加糖，用剪刀剪掉头尾（花和果柄）。放入漏勺，浸入冷水中仔细清洗数次，沥干水分，晾干浆果。在托盘上冷冻，然后装进袋子或硬质容器中，这样可以储存 12 个月。冷冻状态下可以直接进行烹饪，用于制作馅饼和布丁。冷冻时放糖，之后拿出来是可以生吃的，清洗晾干后按照每 450 克醋栗加 115 克糖的比例分层堆放在硬质容器中，之后可以用来做馅饼和甜点。也可以放糖炖煮，按口味将醋栗放少量的水和糖煮食。随之冷却后进行冷冻，或者做成果酱，装在袋子或硬质容器中再冷冻。

▶ 第127和128页上使用的农作物

树莓和
黑莓

(Rubus idaeus)

(Rubus fruticosus)

盆栽快速入门

容器 适合种植于最小深度为 45 厘米的大中型容器中。

种植 从 11 月到次年 3 月。

位置 开阔、阳光充足的地方，不过也可以忍受部分遮阴。

土壤 肥沃、丰饶的培养料。黑莓要求排水性能良好，树莓要求保墒性好。

修剪 9 月到 10 月（黑莓）；秋季和冬季（树莓）。

收获 7 月到 10 月，视品种而异。

树莓和黑莓可以种植在阳光充足的地方或部分遮阴处。黑莓较耐寒，相当高产，长得也茂密。黑莓比树莓更容易种植，但结果较树莓少。容器栽培时应选择无刺的品种，这些品种生长习性较弱，占用的空间较小。黑莓通常在种植第二年挂果，黑莓树寿命长达 20 年。树莓是最受喜爱也最美味的夏季浆果之一，在北半球较凉爽的地区生长良好。虽然可以在容器中种植任何品种的树莓，但因为树莓会占据相当大的空间，还需要支撑结构使之保持直立，所以应尽量选择紧凑型品种。树莓和黑莓都是用藤条（一小簇根部赤裸的茎）种植而成，可以从苗圃和园艺品店买到。

种植和选址

- 选择阳光充足的、开阔的场地，不过，部分遮阴处也可以。
- 种植的时候要搭建永久性的支撑物，棚架、靠墙的框架或花盆中结实的竹竿或柱子都可以。支撑物需要能够支撑生长中的植物，防止其被风吹倒。
- 根部赤裸、处于休眠状态的树莓藤条，秋季、初冬种植效果最好，可以使藤条迅速生根。根部赤裸的黑莓通常在冬天种植，如果天气太冷，也可以在早春种植。种植前将藤条在水中浸泡 1 小时。每个容器种一根藤条。
- 不要把根种得太深；在 5 ~ 7 厘米深处，把根均匀地铺展开，

用培养料覆盖，并轻轻地压实。（图1）
- 种植后，如果藤条没有预先进行修剪，树莓应立即剪到离地面25厘米以内，黑莓则剪到离地约23厘米只有一个芽的地方。
- 应将果树的茎固定在适当的支撑结构或棚架上。（图2）

维护

- 保持容器内无杂草。
- 在春季添加覆盖物，防止植株失去水分，并在天气干燥时浇水。
- 在果实生长发育时采取防护措施，免受鸟类侵害。
- 树莓能从地下长出徒长枝。将其从植株上扯下来，注意这时不要使用修枝剪。
- 夏季树莓和黑莓坐果后，应在秋天剪掉所有老的结果枝（棕色枝），并把新枝条（绿色枝）捆在支撑结构上。应剪除多余的茎干，保持较好的树形。在冬末，把每根茎的顶端剪掉，剪至支撑结构顶部之上约18厘米的芽上方。对于晚熟或秋季坐果的树莓品种，要在冬末彻底修剪所有的茎干。（图3）

可能出现的问题

鸟类侵害、树莓甲虫和灰霉病是最常见的问题（见第17～19页）。

收获、储存和冷冻

黑莓坐果期为7月到9月，因品种各不相同，直到第一次霜冻来临时为止。最好的水果都长在上一季抽生的嫩枝上。应小心采摘以免擦伤果实。果实在采摘后容易变质，所以最好尽快食用。当树莓果实的颜色整个变得艳丽、均匀时，就可以采摘了。采收树莓时，圆锥形的白色核子会留在植株上；黑莓的白核会连同浆果其余部分一起被摘下来。浆果采摘后要尽快食用，如果有需要的话，也可以松松地盖住放在冰箱里，注意不要清洗，这样可以保存24小时。

冷冻时，采摘浆果后进行清洗，用厨房纸巾轻拍把水吸干。要么直接装进袋子或硬质容器，要么在托盘上分散摆放进行冷冻，然后再包装。这样可以冷冻储存12个月。直接在冷冻状态下烹煮食用，不过，解冻后树莓形态也保持得相当好。

▶ 第127、136和138页使用的农作物

草莓

(Fragaria x ananassa)

这是一种易于维护、收获丰厚的无核水果。有许多草莓品种可以选择。从 5 月底到 10 月，都可以不断地采收。种植草莓最简单、最快捷的方法是购买幼苗种植，不过，高山品种草莓播种也可以发育得很好。可以从早春开始购买不同发育阶段的植株；中熟草莓在第一年就可以有很好的收成，是多数人的最佳选择。植物在生长过程中会产生被称为匍匐枝的分枝；应该剪除匍匐枝，保留植物的营养，也可以将剪下的匍匐枝插在花盆中，供明年种植。

盆栽快速入门

容器 适合种植于所有最小深度为 20 厘米的容器中。

种植 从春天到仲夏；高山品种：秋天播种，到次年春天移植到户外。

位置 开阔、向阳的地方。

土壤 肥沃、排水良好的微酸性培养料。

收获 5 月底到夏末，视品种而定。

种植和选址

■ 为容器选择一个开阔、阳光充足的地方。培养料应肥沃，且排水良好。在种植之前，挖土掺进大量通用肥料（微酸性，pH 值 6 ～ 6.5）。

■ 用铲子在培养料上挖一个和花盆一样大小的穴。在大型容器和窗槛花箱里每隔 25 厘米挖一个穴。如果用吊篮种植的话，每盆吊篮种三株。（图 1）

■ 将培养料压实，使之与中心冠部的基部齐平，并浇足水。（图 2）

■ 高山品种草莓播种种植，秋天在室内种在模块内。仲春时分幼苗大到可以处理时，间隔 15 厘米种植。这些植株将在整个夏天开花结果。

维护

■ 定期浇水，保持花盆内无杂草。

■ 如果开花期间有霜冻的威胁，可以用起绒布、聚乙烯薄膜或钟形玻璃盖覆盖。

■ 除去匍匐枝，因为匍匐枝会消耗植物的营养——如果需要的话，可以留着，作为新的植株移栽至其他的容器中。结果后，应剪掉所有的老叶，将植物移栽至更大的容器中，放在避风的地方，直到第二年春天。（图 3）

■ 用网状物进行防护，不要让鸟类靠近。

可能出现的问题

鸟类、红蜘蛛、松鼠、蛞蝓的侵害和灰霉病是最常见的问题（见第 17 ～ 19 页）。

收获、储存和冷冻

采摘草莓时要连着果柄一起摘，要小心，避免擦伤果实。采摘后要尽快食用，或不清洗直接放在盘子里置于冰箱中，这样可以储存 2 ～ 3 天。应让高山草莓充分成熟，使香味更浓，并在采摘当天食用。应定期采摘，促使结出更多的果实。草莓放入漏勺中，用冷开水仔细漂洗洗，沥干水分并用厨房纸巾轻拍把水吸干后食用。所有的草莓都最好在新鲜时食用，因为解冻后草莓的味道和口感会发生变化。冷冻方法与树莓相同（见第 97 页），食用前解冻，做成调味汁或拌入慕斯和奶油中。

▶ 第 127、138 和 140 页使用的农作物

大黄

(*Rheum x cultorum*)

严格地说，大黄是一种茎菜类蔬菜，不过因为主要用于制作布丁，常常被人视为水果。大黄在开阔的地方生长得最好，叶片能伸展开来。因为植株的根系扎得很深，所以需要较大的容器。大黄很容易种植，一株植物就能为一个小家庭提供足够多的产量。大黄只有茎可以食用，叶片富含草酸，有毒。大黄植株定植之后，一般3年后，就要被迫进行早期的采收了。"被迫采收"的大黄比那些自然成熟的大黄的茎更细、更粉嫩，可以从春季到初夏进行采收。大黄通常是由购买的秧苗栽培而成。

种植和选址

■ 大黄性喜阳光，不喜欢遮阴。栽培大黄需要大量肥沃的培养料，在播种之前，应向下深挖，将肥沃的培养料掺到花盆底部。

■ 如果大黄浇水充足，可以在春天或初夏移植到室外。种植前

盆栽快速入门

容器　适合种植于最小深度为45厘米的大型容器中。

种植　春天。

位置　开阔、向阳处。

土壤　肥沃、排水良好的培养料。

收获　第二年夏天开始。

应将大黄秧苗在装有水的桶中浸泡 1 小时。

■ 在盛有肥沃培养料的大容器中挖一个原植株花盆大小的穴，然后种下，使秧苗的幼芽刚好在土表下。（图 1）

■ 填好穴后，用指关节在植物周围压实培养料。每个大容器种植一株。（图 2）

维护

■ 保持容器内无杂草，在干燥的天气充分浇水，并除掉出现的花枝。

■ 秋天在植株周围用腐熟良好的有机肥进行覆盖，春天再覆盖一次。

■ 种植后、采收前，应让新栽培的植株生长 12 ～ 18 个月。一株大黄植株的产量可以持续 5 ～ 10 年。

■ 如果你想更早采收更细的大黄茎，应在隆冬时用一个大桶翻过来或者用特制的陶土大黄促成栽培箱盖住秧苗。大概 6 周后就可以采收了。至少在 2 年内不要勉强采收同一株植物，否则植株的长势会变弱。

可能出现的问题

这是一种相对来说没有什么问题的植物。

收获、储存和冷冻

第一年不要采收大黄茎。第二年，可以拔一些茎，留一半在植株上，在仲夏前后停止采摘，让植株恢复生长。在接下来的几年里，根据需要拔出充分发育成熟的茎。拔的时候把拇指放在茎内侧，尽可能往下使劲，然后转动，将其从秧上拔下来，注意不要切割茎部。（图 3）大黄最好是从花园中采摘后直接食用，不过，也可以在冰箱中保存 1 ～ 2 天，之后就会开始萎蔫了。

冷冻时，应选择幼嫩的茎，剪掉叶状的尖端和浅粉色的根，清洗后彻底晾干。将其切成 2.5 厘米长一段，装在硬质容器或冷冻袋中，不必焯烫，这样放入冰箱可以储存 6 个月。拿出后可用于烩水果和制作馅饼。或者，像上面一样包装，并在每一层之间撒上糖，这样解冻后就是半成品蜜饯了。大黄也可以在冷冻状态下直接炖煮食用或煮制果泥。

▶ 第130页使用的农作物

柑橘类
水果

(*Citrus* spp.)

较小的柑橘品种，以及柠檬、酸橙、卡菲尔酸橙和金橘都可以全年在室外温暖、阳光充足的避风处或在室内的容器中种植。容器栽培意味着可以很容易地将植株在炎热的天气里移到户外，当天气变冷时再搬回室内。柑橘只能在无霜冻的气候条件下生长。柑橘类植物茎上有刺，叶片常绿、有光泽，春天时花会散发宜人的芳香。大多数果实需要长达 12 个月的时间才能发育成熟，所以植物在挂果的同时开花很常见。柑橘类植株通常由购买的成熟盆栽植株种植而成。

种植和选址

■ 2 月之后，柑橘类植物开始抽出新生枝，这时需要将其装进更大的花盆里，如果已经是较大的花盆或较成熟的植株，则用新鲜的堆肥施表肥。如果要换盆,应选择比现有容器大一号的，柑橘不喜欢太大的容器。

■ 将细密的排水材料撒在花盆底部，约 2.5 厘米高（见第 11 页），确保排水良好，并添加一些柑橘类植物专用培养料。将根球放在上面，在边缘装填培养料，确保上面的营养根覆盖一层薄薄的新鲜培养料。

■ 浇足水，在阴凉处放几周，等待植株长出新根。移栽 6 周后施肥。

■ 施表肥时，在不伤根或不露出根系的情况下，尽可能多地去掉旧的培养料，用柑橘类植物专用培养料代替。

■ 冬天理想条件应不低于 10℃，放在凉爽、无霜冻的地方；不过应远离空调出风口。夏天将其移到阳光充足处，前 3 周应避免阳光直射，防止发生叶烧病。

维护

■ 柑橘类植物一年四季都会生长，因此需要不断地施肥。应选择含氮高的水溶性肥料，从春天到 9 月底，每个月施一次肥，可以使其生长茂盛且叶片健康。在冬天，应使用平衡的缓释性植物肥料，促使水果成熟，并保持植株在冬季的健康生长。施用柑橘类专用肥料时也可以购买专用滴注器配套使用。（图 1）

■ 保持容器内无杂草，减少病虫害发生的风险。（图 2）

■ 柑橘类植物喜欢微酸性的环境，所以在水质较硬的地区应使用雨水或蒸馏水浇水。应定期浇水，浇一次水后等土表变干再浇下一次水。注意不要让植株浸泡在水里。

■ 用雨水洒水雾，帮助植物在炎热的天气中降温，并促进授粉。
■ 第一年要把新栽的树的主枝剪去三分之一。结果后，只需剪
　除死枝、病枝、交叉枝或触碰到培养料的枝条即可。

可能出现的问题

　　室内种植的柑橘类植株可能会受到红蜘蛛、粉虱和蚧壳虫
的侵害，也可能患上黄萎病（见第 17 ~ 19 页）。

收获、储存和冷冻

　　用修枝剪、剪刀或锋利的刀从树上割下成熟的水果。小的
果实轻轻一拧就可以从植株上扯下来。完好无损的果实可以在
冰箱里保存几个星期。柑橘类水果通常不适合冷冻，不过卡菲
尔酸橙的叶片可以装在密封好的小袋子里冷冻储存长达 6 个月，
之后拿出来在冷冻状态下烹食。金橘可以整个开放式冷冻，然
后再包装，可以冷冻储存长达 6 个月；冷冻的金橘最好用于烹饪，
因为解冻后口感会变软。

▶ 第107、118、128、132、134和140页使用的农作物

食谱

提到烹饪自己种的农作物时，我想你一定有很多自己的创意。不过，我也列出了一些我最喜欢的食谱，你可以做出来让你的朋友和家人尝尝。接下来，我会介绍各式各样的汤、沙拉、主餐以及一些可口的甜食，还有一些保存果蔬以备淡季享用的方法。希望你喜欢自己做饭！

泰式热猪肉沙拉

香浓微辣的热杂烩，可以作为开胃菜，也可以盛在米饭或面条上配着吃。如果你喜欢，也可以用鸡肉或牛肉代替猪肉。

4人份

8根小葱，洗好后切碎

2个甜椒，去籽切成薄片

1/2个黄瓜，洗净切片

一小把新鲜的香菜

450克瘦猪肉，切成薄片

2瓣大蒜，剥皮后捣碎

1个红辣椒，去籽，切成末

3汤匙酱油

2茶匙麻油

3汤匙花生酱

1汤匙米醋或雪利酒醋

2茶匙蜂蜜

2棵小白菜或1棵较小的大白菜，洗净

1汤匙植物油

1. 将小葱、甜椒和黄瓜放入耐热的碗中。把香菜折几段，拌入沙拉碗里。盖好，冷藏备用。

2. 把猪肉放在浅底盘里，加入大蒜、辣椒和一汤匙酱油腌制。盖上盖子，放入冰箱冷藏至少30分钟，直到准备烹饪时拿出。

3. 将剩下的酱油、麻油、花生酱、醋和蜂蜜倒入带旋盖的小瓶中，密封后摇匀，混合成浓稠的调味汁，放在一边备用。

4. 准备做沙拉时，切除小白菜或大白菜不需要的部分，将菜撕成小碎块。在炒锅或煎锅里烧热植物油，煸炒猪肉5~6分钟，直到肉变软。将菜加入后，再翻炒一分钟。

5. 上菜时，将炒过的猪肉杂烩倒入备好的沙拉配料中。再摇匀调味汁并浇在沙拉上即可。最好趁猪肉热乎时食用。

这道菜不适合冷冻储存。

▶ 需要用到第22、26、40、58、63和74页种植的农作物

热香草熏鲑鱼面条沙拉

一道很清淡也很美味的晚餐。这道菜里的小胡瓜和小黄瓜看起来特别诱人。

1. 把面条放在一个耐热的大碗里，浇上足够的沸水，淹没面条。将碗放在一边，泡至少10分钟。

2. 小胡瓜切去两头不需要的部分，纵向对半切开后切成薄片。将黄瓜也纵向切成两半，再切成薄片。

3. 在炒锅或大煎锅里烧热油，放入小葱和小胡瓜翻炒5分钟，加入黄瓜，再翻炒一分钟。

4. 将面条控干水，放入锅中。翻炒约2分钟，把面条热透。将锅从火上端下来，调入柠檬汁，切碎的香草和熏鲑鱼。按自己的喜好进行调味。

5. 把食物盛入加热过的盘子里，饰以细香葱花后即可食用。

厨师的话 烧熟的腌鸡肉也适合与这些香料搭配，或者也可以搭配烧熟的贝类。

这道菜不适合冷冻储存。

2人份

115克细面条

2个小胡瓜，切除不需要的部分

1个小黄瓜，洗净

2汤匙冷榨菜籽油或其他植物油

6棵小葱，洗好并切碎

2汤匙柠檬汁

鲜切龙蒿叶碎、雪维菜碎和细香葱碎各2汤匙

225克腌熏鲑鱼，切成长条

适量盐和现磨黑胡椒粉

几朵细香葱花作装饰

▶ 需要用到第24、34、36、48、54和63页种植的农作物

青翠浓汤

4人份

4根小韭葱

2个中等大小的小胡瓜，洗净备用

225克西兰花，洗净备用

225克青菜（卷心菜、小白菜或其他绿色蔬菜）

1.2升蔬菜高汤

1片香叶

225克去壳豌豆

一小把新鲜罗勒

适量盐和现磨黑胡椒粉

4汤匙淡奶油（可选）

4汤匙鲜香蒜沙司（参见厨师的话）

　　大多数绿色蔬菜都能加到这道汤中，所以这个菜谱适合前面介绍过的所有蔬菜。

1. 首先进行蔬菜的准备工作。韭葱去除不需要的部分，纵向切开。用水冲洗，甩干，撕成小碎片。小胡瓜去除不需要的部分后切成丁。西兰花去除不需要的部分，去掉粗壮的花柄，切成小块。青菜洗净并甩干，去掉粗茎，撕成小碎片。

2. 将高汤倒入大炖锅。加入香叶后煮开。加入所有的蔬菜和豌豆，重新煮开，盖上锅盖炖6～7分钟，直到食材全部变软。

3. 离火冷却10分钟。丢弃香叶后将锅中的食材全部倒入搅拌机中。在汤里加几根罗勒，同时留几片作装饰。搅打几秒钟直到汤体细腻，倒回炖锅，调好味。

4. 食用时，重新加热至滚烫。用长柄勺将汤舀进耐热碗里，可以转圈倒入一些奶油，再在上面舀上一团香蒜沙司。再撒上几片罗勒叶作装饰即可。

厨师的话　自己做香蒜沙司很简单：将去皮的大蒜瓣放入搅拌机中，加入15克新鲜罗勒叶、100克松子、50克鲜磨帕马森芝士碎和4大汤匙优质特级初榨橄榄油，搅拌至光滑、黏稠。放在密封的瓶子里可以在冰箱保存10天之久。（4人份）

冷冻方法　按照上面的方法煮制汤，不加奶油和香蒜沙司。冷却后装入冷冻汤羹袋或耐冻容器中。封好并贴上标签，这样在冰箱中可以冷冻三个月。拿出食用前在冰箱中过夜解冻。在炖锅里小火加热，不断地搅拌约5分钟，直到滚烫，即可盛出食用。

▶ 需要用到第24、34、36、48、54和63页种植的农作物

蒜香蘑菇土豆汤

4～6人份

1汤匙冷榨菜籽油或其他植物油

3瓣大蒜，剥皮后捣碎

675克土豆，去皮切丁

1升鸡肉高汤或蔬菜高汤

几根新鲜的百里香

250克蘑菇，洗净后切碎

4汤匙鲜奶油

适量盐和现磨黑胡椒粉

一撮肉豆蔻粉

朴素的食材完美地搭配在一起，成为一道非常美味宜人的便餐。配上脆皮面包和新鲜沙拉食用再合适不过了。

1. 在大炖锅里把油加热，然后把大蒜慢慢地煎2～3分钟，直到大蒜变软而未变黄。加入土豆，倒入高汤。留几根百里香作为装饰，在炖锅中加几根，煮沸后盖上盖子，用文火慢炖15分钟。

2. 加入蘑菇，盖上锅盖继续煮10分钟，直到蘑菇变软。离火冷却10分钟。挑出百里香扔掉。

3. 将锅内的食物倒入搅拌机中，搅拌到汤汁细腻为止。再倒回炖锅，调入奶油，根据口味加入盐、胡椒和肉豆蔻粉调味。

4. 食用时，再加热至滚烫。用勺子将汤舀入碗中，用新鲜的百里香作装饰。

冷冻方法 按照上面的方法煮制汤，不过不要加奶油。待汤冷却后，将其装入冷冻汤包袋或防冻容器中。封好并贴上标签，放入冰箱中可以冷冻储存三个月。拿出食用前在冰箱过夜解冻。在炖锅里小火加热，不断搅拌约5分钟，直到滚烫即可，然后按照上面所述调入奶油与调味料。

▶ 需要用到第22、30、56和66页种植的农作物

豌豆泥芽菜沙拉卷

这是一个将自种农作物从单一口味变成美味佳肴的菜谱，既健康又好吃！

1. 先做豌豆泥。将一锅淡盐水烧开。加入豌豆、大蒜和香菜碎，煮大约5分钟，直到刚好变软。控干水，留大约6汤匙煮豌豆的水，冷却10分钟。

2. 将煮熟的豌豆和大蒜放入搅拌机中，加入预留的煮豌豆的水和油，搅拌到细腻。将其倒入耐热的碗中冷却。根据自己的口味进行调味，然后盖上盖子冷藏备用。

3. 食用时，将生菜叶洗净并甩干。平铺在工作台上，切掉菜叶中心的厚心。在每片叶片的中央舀一勺豌豆泥，略略摊开。上面铺放芽菜、芥菜苗和水芹菜，再放一些水萝卜和胡萝卜片，然后根据自己的口味进行调味。

4. 每次取一片，把生菜底边折起来，盖住一半馅料，然后小心地从一边卷成圆筒。用取食签（或牙签）固定。所有装了馅的生菜叶都要重复这一步骤，然后尽快上桌、尽快食用。

厨师的话　450克新鲜带壳豌豆，去壳后约为225克。也可以用这种方法做蚕豆泥。如果喜欢的话，可以用低筋面粉做的玉米饼代替生菜叶子，豆泥也可作全麦面包的夹心馅。豆泥还是一种很好的蘸酱，可以和备好的其他蔬菜一起食用。

这道菜不适合冷冻储存。

4人份

豌豆泥

适量盐

350克去壳豌豆

2瓣大蒜，剥皮后切碎

2茶匙磨碎的香菜

2汤匙冷榨菜籽油或特级初榨橄榄油

生菜卷

8片大生菜叶

一把你最喜欢的芽菜，冲洗干净

一把芥菜苗和水芹菜，冲洗干净

8个水萝卜，洗净，去除不需要的部分后切成薄片

8个小胡萝卜，洗净，切成薄片

适量现磨黑胡椒粉

▶ 需要用到第22、28、48、68、70和76页种植的农作物

西班牙辣香肠杂豆沙拉

4人份

适量盐和现磨黑胡椒粉

200克去壳蚕豆

200克四季豆，掐头去尾，切成2.5厘米长一段

200克红花菜豆，掐头去尾，斜切成细丝

225克西红柿，洗净后去掉果柄

2汤匙白葡萄酒醋

约2茶匙细砂糖

350克西班牙辣香肠，去掉纸质肠衣，切碎

1个红辣椒，去籽后剁碎

1个橙色或红色的甜椒，去籽后剁碎

6根小葱，去掉不需要的部分后切碎

2汤匙现切欧芹碎

这道浓郁的西班牙辣香肠杂豆沙拉是我的最爱。刚刚煮熟的豆子和略略有些酸味的番茄酱，再加上西班牙辣香肠配上米饭则是另一道美味的香肠饭。

1. 将炖锅中的淡盐水烧开，把蚕豆煮1分钟。加入四季豆，再煮1分钟，然后加入红花菜豆，再煮3～4分钟，直到豆都变软。沥干水，用凉水冲洗进行冷却。再次沥干水，用厨房纸巾轻拍把水吸干，备用。

2. 将西红柿切成大块，然后在搅拌机中快速打几秒钟直到西红柿泥细腻。将搅好的西红柿用尼龙筛筛入一个小碗中。按口味调入醋、糖、盐和胡椒粉进行调味，备用。

3. 食用时，把西班牙辣香肠放在煎锅里，慢慢加热，直到肉汁流出。开大火，翻炒2～3分钟，直到整个香肠都变成浅棕色。用厨房纸巾将油吸干。

4. 将豆子放入碗中，拌入辣椒、胡椒粉、小葱、甜椒和西班牙辣香肠。倒入番茄调味汁，撒上切碎的欧芹即可食用。

厨师的话　550克带壳蚕豆，去壳后约为200克蚕豆。

这道菜不适合冷冻储存。

▶ 需要用到第26、44、46、50、58、65和78页种植的农作物

蒜香番茄马斯卡彭奶酪酥饼*

这是一种极好的享用成熟多汁的西红柿的方法。在烘烤前加一点糖，可以增加其天然的芳香。

4～6人份

450克小西红柿（或圣女果）

375克现成的酥饼

1个鸡蛋，打发

1个蛋黄

150克马斯卡彭奶酪

一小把新鲜罗勒

3瓣大蒜，剥皮后捣碎

适量盐和现磨黑胡椒粉

2茶匙细砂糖

1汤匙冷榨菜籽油或橄榄油

25克松仁

25克帕马森奶酪

两把你最喜欢的沙拉叶菜，如芝麻菜或野苣

*番茄即西红柿，此处保留西餐惯用译名。

1. 将烤箱预热到200℃。如果你用的是圣女果，只需要洗净、晾干、去掉果柄。如果用稍微大一点的西红柿，洗净、晾干后去掉果柄，切成两半。

2. 将酥饼放在烤盘上，烤盘要足够能放下酥饼的大小，大约35厘米×25厘米，里面铺上烘焙纸。在边缘刷上蛋液汁，每一侧折叠约1厘米。用刀在边缘处往下按，封住口。用叉子把酥饼刺一些小孔，轻轻刷上少许蛋液，在烤箱里烤10分钟左右，使蛋液凝固、酥饼变成浅棕色。

3. 将剩下的蛋液与蛋黄及马斯卡彭奶酪混合。将几根罗勒细细地切碎，与大蒜和调味料一起拌入芝士混合物中。

4. 小心地将混合物舀到酥饼中心，涂抹开。把西红柿放在上面，如果是对半切开的则将切开的一面朝上。然后用黑胡椒调味，撒上糖，淋上菜籽油，撒上松仁，烤20～25分钟至酥饼松脆金黄。

5. 再在酥饼上撒上帕马森奶酪屑和一些罗勒叶，趁热食用。配上你最喜欢的沙拉叶菜即可。

冷冻方法 冷冻时上面不要放帕马森奶酪屑和罗勒叶。等待其完全冷却，要么整个，要么切成片，放在内衬烘焙纸的盘子内，上面也覆盖一层烘焙纸，如此可以冷冻储存3个月。冷冻状态下铺在烤盘上，置于烤箱内，以200℃的温度再次加热20～25分钟直到滚烫，之后进行上述第5步操作即可食用。

▶ 需要用到第22、63、72和78页种植的农作物

主 菜

什锦蔬菜天妇罗

这是我做日式天妇罗的习惯方法。这道菜很简单，与自家种植的新鲜蔬菜口感相辅相成。

6人份

2个红青椒或绿青椒

150克玉米笋

1个中等大小的小胡瓜

225克西兰花

115克蘑菇，洗净，去除不需要的部分

225克普通面粉

2个蛋黄

1/2茶匙发酵粉

一撮盐

2瓣大蒜，剥皮后捣成蒜泥

用于油炸的植物油

1. 首先准备蔬菜。将青椒对半切开后去籽，切成块状。玉米笋切掉不需要的部分。小胡瓜去除不需要的部分，切成块状。西兰花去掉粗茎，切成小朵。蘑菇切成两半。

2. 大炖锅烧开水，将蔬菜分几批焯水，每批2分钟。沥干水后用凉水冲洗冷却。再次沥干水，用厨房纸巾轻轻拍干。将菜放到一个大碗里，轻轻拌入50克面粉。

3. 做面糊时，在碗中将蛋黄和300毫升凉开水混合，筛入剩余的面粉和发酵粉，用搅拌器将面糊打匀，直到变得细腻、黏稠。然后调入一撮盐和蒜泥。

4. 烹制时，将油加热至190℃进行油炸。将蔬菜包裹上面糊，分批炸4～5分钟，直到变成金黄色。沥干油并保温，同时炸制剩下的蔬菜。最好在油炸后配上酱油或其他蘸酱（见厨师的话）尽快上桌食用。

厨师的话　要做正宗的蘸酱，应将5汤匙甜米酒或甜雪利酒和等量的日本酱油混匀。加2茶匙蜂蜜增加甜度，如果你喜欢，还可以撒上切碎的香葱、大蒜和辣椒。

这道菜不适合冷冻储存。

▶ 需要用到第22、34、54、56、58和60页种植的农作物

慢烤五香鸭配新鲜李子酱

　　水果和肥美鸭肉是完美的搭配。实际上，在这道菜中不需要先煮制水果。

1. 前一天先把鸭子洗干净并用厨房纸巾轻拍把水吸干。将鸭肉放在浅底盘里，用五香粉用力涂抹腌制。不盖盖子或松松地盖上，放入冰箱24小时，等鸭皮变干后再烹饪。

2. 烹制时，把烤箱预热到170℃，把鸭腿放在烤盘上的架子上。把盐和糖混匀，撒在鸭皮上。在烤箱里烤制大约1小时40分钟，直到鸭子熟透，表皮金黄酥脆。

3. 烹制鸭子的同时，把李子、甜椒和小葱混合在一起，拌入白醋、蜂蜜和麻油，搅拌制成李子酱。盖上盖子，冷却备用。

4. 上菜时，将鸭肉沥干油，将鸭肉和鸭皮切成细条状。将香菜、芽菜和绿叶蔬菜混匀，摆在盘子上。搅匀李子酱，舀在菜上面。最上面放切好的鸭肉丝，再配上刚煮好的米饭或面条食用即可。

厨师的话　这道菜中最好选用较小的绿叶蔬菜，确保蔬菜足够嫩，适合生吃。

这道菜不适合冷冻储存。

4人份

4个鸭腿

1.5茶匙五香粉

2茶匙盐

2茶匙细砂糖

300克熟李子，对半切开，去除果核后细细地剁碎

1个小红或黄甜椒，去籽后细细地剁碎

4根小葱，去掉不需要的部分后切碎

2汤匙白醋

2茶匙蜂蜜

2茶匙麻油

几根香菜，切碎

一把刚采下的芽菜，洗净后切碎

一把水菜或其他小型绿叶菜，洗净并去掉不需要的部分

▶ 需要用到第26、40、58、63、76和86页种植的农作物

炸鲭鱼条配甜菜辣根糊

4人份

350克嫩甜菜根

675克普通土豆

适量盐和现磨黑胡椒粉

25克黄油

1～2汤匙辣根糊

4条鲭鱼，洗净，切成片后去皮

3汤匙普通面粉

2个中等大小的鸡蛋，打匀

150克新鲜白面包屑

现切的莳萝和细香葱碎各2汤匙，另取一些作装饰

200毫升植物油

细香葱花和柠檬瓣作装饰

颜色鲜亮的创意菜肴端上桌时，一定会让所有人惊叹。吃第一口的时候，味蕾就会开始发麻。也可以试试这种甜菜辣根糊搭配烤鸡或香肠等。

1. 把甜菜根洗干净，注意不要切到皮或擦伤皮，不用去皮直接放在炖锅里，加水烧开，煮大约1小时，直到甜菜根变软。用凉水冲洗，直到冷却可以处理后，小心地擦去皮。用叉子将其捣碎，盖好盖子保温。

2. 甜菜根煮好前25分钟，将土豆削皮，切成小块。把土豆块放入一个大炖锅，加水没过土豆，加一撮盐煮开，煮大约10分钟，直到土豆变软。将锅中的水倒掉，用漏勺或滤网沥干土豆的水，静置10分钟晾干后再把土豆放回炖锅。

3. 把土豆和黄油捣碎，调入甜菜根碎。根据口味加入辣根和调味料。盖好盖子保温。

4. 将鲭鱼纵向切成两半，再从中间切成两半，做成短鱼条。清洗并用厨房纸巾拍干。轻轻撒上面粉。把打好的鸡蛋放在盘子里，调好味。在另一个盘子里，将面包屑和香草碎混匀。先将鱼片挂上蛋液，再裹上面包屑。

5. 在中号煎锅里烧热油，将鱼片分两批浅炸约5分钟，间或翻动一下，直到鱼片变得金黄酥脆。用厨房纸巾吸干油，注意保温，同时炸其他鱼片。

6. 上菜时，把菜糊先盛到盘子上，再放上鱼，然后撒上切碎的香草作装饰，并在上面点缀一朵香葱花，最后配上柠檬即可。

这道菜不适合冷冻储存。

▶ 需要用到第30、32、63、64和102页种植的农作物

茄子巴吉配薄荷味酸奶卤鸡

我喜欢吃茄子，所以这道印度菜无疑成了我的最爱。我一般会先用盐腌茄子，之后再进行烹调，这样茄子熟了也会很嫩。

4人份

500克去骨去皮鸡肉，切成2.5厘米见方的块

3瓣大蒜，剥皮后捣碎

2茶匙淡味咖喱粉

3汤匙现切薄荷碎

6汤匙全脂无糖酸奶

适量盐和现磨黑胡椒粉

500克茄子

3汤匙植物油

225克火葱，去皮切碎

1茶匙小茴香，稍稍捣碎

1茶匙葛拉姆马萨拉粉

2根咖喱草

2片香叶

300毫升蔬菜高汤

350克熟透的西红柿，切碎

2汤匙番茄酱

4汤匙现切香菜碎

8根串鸡肉的扦子

1. 把鸡肉放在碗里，调入1瓣蒜、咖喱粉、薄荷碎和酸奶。调好味后盖上盖子冷藏至少2小时。同时，把茄子切去不需要的部分后切成小块。分层码放在漏勺或滤网里，随即撒上盐，放置30～40分钟后冲洗干净并用厨房纸巾拍干。

2. 在一个大炖锅里烧热油，将火葱和剩下的大蒜与调料、香叶和咖喱草一起炒10分钟，直到食材都变软。接着加入茄子拌匀，让每块茄子都裹上炒好的混合物。

3. 倒入高汤，加入西红柿，煮开，盖上锅盖，小火煮15分钟至西红柿变软。调入番茄酱，不盖锅盖继续煮10分钟，直到汤汁变稠，水分几乎都被吸收。捞出香叶和咖喱草扔掉。熬好的汁留着备用。

4. 预热烤炉至中等温度。把鸡肉均分，串在8根扦子上，然后放在烤架上，并在鸡肉上刷上碗里剩余的调味料。

5. 将肉串烤20分钟左右，偶尔翻动一下，直到鸡肉变软熟透。把装有茄子混合物的锅放回火上，如果太干就加点水，重新加热并搅拌3～4分钟，直到滚烫。将其倒入加热过的盘子中，撒上切碎的香菜。每一份上面放两根烤串，还可以配着热馕一起食用。

冷冻方法 将茄子混合物烹制好后冷却，装入冷冻容器中。密封好，贴上标签，这样在冰箱中可以冷冻储存6个月。拿出食用前先在冰箱里隔夜解冻。加一点水，按上述第5步的方法重新加热。不过鸡肉串最好现做现吃。

▶ 需要用到第22、26、52、63、64、65和78页种植的农作物

烤羔羊肉串配奶油菠菜

　　有时候我会觉得这些中东风味的烤羊肉串比普通的烧烤好吃些，菠菜做的配菜作为冷盘沙拉也很好吃。还可以用甜菜代替菠菜。

1. 把羊肉放在碗里，加入2瓣大蒜，以及切碎的香草、孜然、1茶匙盐和一些现磨的黑胡椒粉。用手搅拌到完全混和均匀。

2. 将混合物分成12份。把每份做成一个两端渐细的肠。放在内衬烘焙纸的烤盘里，盖上盖子，放入冰箱冷藏30分钟。

3. 同时，在大炖锅里融化黄油，把火葱与剩下的大蒜和香料一起炒10分钟，直到食材都变软，略呈金黄色。把菠菜洗干净，趁还湿的时候，放进炖锅里。拌匀，盖上盖子，焖5分钟，直到变蔫变软。靠着漏勺的一边用力挤，把菠菜沥干，然后把菠菜放到砧板上，切碎，再放回锅里。盖好盖子备用。

4. 预热烤架至中高温。每3根肉肠纵向穿成4根长串肉扦子，放在烤架上。每面烤6～7分钟，直到变软，或者按照自己喜好烤制。烤好后保温。

5. 把炖锅放到小火上，慢慢加热，搅拌2～3分钟，菠菜的制作就完成了。调味后加入酸奶拌匀。堆在保温盘子上，上面放一根羊肉串。另外撒上一些切碎的香草作装饰。

冷冻方法　最好是在未加工时冷冻。用冷冻板或保鲜膜包起来放在硬质容器中。密封后可以冷冻储存长达3个月。之后拿出食用前先在冰箱里解冻一夜，如上所述进行烹制。这道菜中的菠菜不适合冷冻储存。

4人份
675克瘦羊肉末
4瓣大蒜，剥皮后切成碎末
现切香菜和薄荷碎各2汤匙，另备一些作装饰
1茶匙孜然粉
适量盐和现磨黑胡椒粉
25克黄油
2个火葱，去皮后切成碎末
2茶匙香菜籽，捣碎
2茶匙孜然，捣碎
675克菠菜，去除不需要的部分
2汤匙全脂无糖酸奶

▶ 需要用到第22、26、42、63和65页种植的农作物

香喷喷的辣味菜花配绿米饭

这道稍有点辣的印度菜本身就是一道美味的主菜，但它其实也可以作配菜。

4人份

适量盐和现磨黑胡椒粉

250克香米，洗净

2片香叶

2根咖喱草

4汤匙植物油

新鲜切碎的莳萝、欧芹和香菜各3汤匙

2个火葱，去皮后切成碎末

2瓣大蒜，剥皮后拍碎

2.5厘米见方的生姜块，去皮后切成碎末

1茶匙姜黄粉

6个小豆蔻荚，轻轻压碎

1茶匙葛拉姆马萨拉粉

1个中等大小的菜花，去除不需要的部分后切成小朵

1汤匙普通面粉

300毫升椰奶

150毫升蔬菜高汤

另备几根咖喱草作装饰

1. 将一大锅水烧开，加入香米和1茶匙盐，再次煮开后不盖锅盖煮2分钟，直到米饭稍微变软但未变透明时为止。

2. 将米饭沥干后用凉水冲洗。抖掉多余的水，再放回炖锅。调入香叶和咖喱草，把表面弄平，然后用木勺的末端在米饭上戳个洞，缓缓淋入2汤匙的油。

3. 盖一层箔纸，盖上锅盖，用小火煮30分钟直到米饭变软，同时底部的米饭开始变脆。将香叶和咖喱草挑出扔掉。拌入现切香草碎，根据口味调味。做好后盖好盖子保温。

4. 与此同时，将剩下的油在炖锅里加热，将火葱、蒜、姜和香料放入锅中轻轻翻炒约5分钟，直到变软。调入菜花和面粉，炒1分钟，直到菜花均匀地裹上香料混合物。

5. 倒入椰奶和高汤，不断搅拌，煮沸，接着盖上锅盖，用文火炖10～15分钟，直到汤汁变得细腻、黏稠。挑出小豆蔻荚扔掉，调好味。用勺子把米饭舀到加热过的盘子里，把菜花也摆在盘中，饰以咖喱草，还可以与馕一起食用。

冷冻方法 两道菜冷却后，分别装入不同的容器。密封后可以在冰箱中冷冻储存长达6个月。拿出食用前先在冰箱里过夜解冻。重新加热米饭时，先放入炖锅，加入2大汤匙水，盖上盖子，用小火加热约20分钟，间或搅拌一下，直到滚烫为止。在另一个炖锅里重新加热咖喱菜大约5分钟，不断搅拌，直到滚烫为止。

▶ 需要用到第22、26、38、63、64和65页种植的农作物

火烤辣椒汉堡肉饼配蔬菜

在户外吃饭总是让人胃口大开，这道分量十足的汉堡肉饼和烟熏蔬菜正是饥肠辘辘时让人饱餐一顿的最好佳肴。

1. 先做汉堡肉饼。将肉末放入碗中，加入火葱、欧芹、辣椒、番茄酱和足量的调味料。将调好的肉馅分成四等份，将每一份都做成厚实的汉堡肉饼。将其放入盘中，内衬烘焙纸，盖上盖子，放入冰箱冷藏30分钟，或者等到烹饪时拿出也可以。

2. 与此同时，把土豆放在小炖锅里，加入水，加一撮盐煮至水沸，再煮7～8分钟，直到土豆刚好变软。捞出土豆，沥干水分，放置一边冷却。

3. 将另一锅水烧开，放胡椒粉和玉米笋煮3～4分钟直到变软。捞出沥干水分，放置一边冷却。

4. 除了生菜之外，把其他准备好的蔬菜交替穿在4根扦子上。盖上盖子，放入冰箱冷藏，直到准备烹饪时拿出。

5. 烹饪时，把汉堡肉饼放在热炭上，每面烤4～5分钟，或者根据自己的喜好进行烤制。至于蔬菜，把油、熏制红辣椒粉、蜂蜜和足量的调料混合在一起，刷在蔬菜和生菜上。将串好的扦子放在炭火上烤4～5分钟，不时地翻动并刷油，直到略微烤焦变软。切成两半的生菜每面各烤1～2分钟。如果喜欢的话，可以再配上炭烤红辣椒片，然后就可以食用了。

冷冻方法 汉堡肉饼最好在烹制前进行冷冻。用保鲜膜包好后装在硬质容器中。密封后放入冰箱可以冷冻储存长达3个月。拿出食用前先在冰箱里解冻一夜，然后如上所述进行烹制。菜谱中的这些蔬菜都不适合冷冻储存。

4人份
675克瘦牛肉馅
1个火葱，去皮后切碎
4汤匙现切欧芹碎
1个红辣椒，去籽后切成碎末
2汤匙番茄酱
适量盐和现磨黑胡椒粉
12个同样大小的小土豆，洗净后对半切开
2个红青椒，去籽后切成小块
12个玉米笋，去除不需要的部分
8根小葱，切成5厘米长的段
2个紧实的小生菜，去除不需要的部分后对半切开
2汤匙冷榨菜籽油或其他植物油
1茶匙熏制红辣椒粉
1汤匙蜂蜜
炭烤红辣椒片作装饰
4根扦子，串蔬菜用

▶ 需要用到第26、30、58、60、65和70页种植的农作物

夏季烤鸡肉配嫩蔬菜盘

4人份

4块鸡胸肉或去骨鸡全腿

适量盐和现磨黑胡椒粉

4汤匙蒜香味蛋黄酱

4汤匙新鲜白面包屑

2汤匙现磨的帕马森奶酪碎

3汤匙现切的迷迭香碎

225克小胡萝卜，去掉不需要的部分后洗净

225克小芜菁，去掉不需要的部分后洗净

225克小韭葱，去掉不需要的部分后洗净

500克新鲜的小土豆，洗净后切片

2汤匙冷榨菜籽油或其他植物油

备几根新鲜的迷迭香作装饰

简单的一餐一菜，也很容易与其他菜搭配，满是夏天的风味。

1. 烤箱预热至200℃。洗净鸡肉并用厨房纸巾轻轻拍干，加入盐和黑胡椒粉进行调味，并小心地在皮上涂蛋黄酱。

2. 面包屑、奶酪和1汤匙迷迭香碎混合在一起，敷在蛋黄酱上，要完全覆盖。备用。

3. 与此同时，把小胡萝卜和小芜菁对半切开，放在一个大碗里。加入韭葱和土豆片，倒入油、剩下的迷迭香碎和足量的调味料。

4. 将蔬菜均匀地铺在垫有烘焙纸的大烤盘上。把鸡肉块放在上面，在烤箱里烤45分钟，烤到一半的时候把蔬菜翻上来，直到蔬菜变软，鸡肉熟透。

5. 沥干鸡肉和蔬菜中的油和水分，盛在用新鲜迷迭香装饰的温热过的盘子上即可。

这道菜不适合冷冻储存。

▶ 需要用到第**24**、**28**、**30**、**32**和**66**页种植的农作物

夏日水果鲜花沙拉

在薰衣草花蕾已经膨大、即将开放时采摘，以获得最佳效果。只需要几个新鲜的薰衣草花蕾就能给这道清淡的菜带来迷人的香味。

1. 首先制作薰衣草糖。把新鲜的薰衣草洗干净，用厨房纸巾擦干。在木板上铺上保鲜膜，把薰衣草放在上面。再在上面放一张防油纸，用擀面杖轻轻压碎，榨出油，并使香味散发出来。小心地摘下花蕾，拌入糖中。备用。

2. 将准备好的水果放入碗中，撒上薰衣草糖。松松地盖上盖子，在室温下静置1小时，让香味充分挥发出来。

3. 根据自己的口味将草莓糖浆或果汁调入酒中，并倒在水果沙拉上。盖上盖子放入冰箱冷藏2小时。在室温下放置30分钟，然后撒上金盏花花瓣和小三色堇，配上马斯卡彭奶酪或奶油食用。

4人份

薰衣草糖

2枝刚采摘下来的薰衣草，去掉绿叶

2汤匙细砂糖

水果

450克各种各样的浆果和加仑，如黑莓、黑加仑、白加仑、樱桃、蓝莓、醋栗、树莓、小草莓和红加仑，摘下后洗干净

2~4汤匙草莓糖浆（见第139页）或现成的浆果果汁

150毫升干红玫瑰酒

几片金盏花花瓣和小三色堇作装饰

厨师的话　如果想要薰衣草的花香更浓郁，用于烘焙或想要储藏时间更长，则需要用干花蕾。将新摘下来的薰衣草捆成小捆儿，倒挂在黑暗、干燥、空气通畅的地方。在下面放一张纸，接住可能会掉下来的花蕾。大约10天后，薰衣草就会变干。用手指轻轻揉搓花序，取下干燥的花蕾。将1大汤匙干花蕾和1大汤匙糖放在研磨机中磨成细粉状，再拌入175克糖，放在干净的罐子里，密封，在食用前需储存至少3天。室温下可以储存长达6个月。

这道菜不适合冷冻储存。

▶ 需要用到第63~65、82、88和92~98页种植的农作物

醋栗配布丁酒果冻

4人份

500克绿醋栗，掐头去尾

75～115克细砂糖

1/2个柠檬榨的汁

5片叶片明胶（吉利丁片）

150毫升白甜酒

4汤匙浓缩奶油

少许可食用花瓣、三色堇和薄荷叶作装饰

　　一种清淡的软冻甜点，可以作为任何一餐中最后的果盘。上面淋上凝脂奶油，味道很鲜美。

1. 将醋栗和75克糖一起放入平底锅，加入4汤匙水，小心加热，不断搅拌，直到糖溶解。开大火，煮沸，盖上锅盖，再调为文火煮5分钟，直到锅中的混合物变得稀软。

2. 将第1步做好的混合物倒入搅拌器中，迅速搅打至细腻。用尼龙滤网过滤出顺滑的果泥（大约需要600毫升）。调入柠檬汁，尝一下味道，如果觉得酸的话可以再加些糖。冷却备用。

3. 将叶片明胶切成小块，放入耐热碗中，舀4汤匙凉水，放在一边浸泡10分钟。将碗放入平底锅中，用小火隔水炖至胶完全融化，备用。

4. 将葡萄酒和胶拌入醋栗果泥中，然后倒入小玻璃杯或酒杯中。放置至少4小时，直到凝固。食用时在上面加一团凝脂奶油，装饰上花瓣、三色堇和薄荷。

厨师的话　你可以按照这个方法用其他浆果和加仑做各种口味的果冻。可以根据自己的口味调整糖的用量。

这道菜不适合冷冻储存。

▶　需要用到第63～65、94和102页种植的农作物

冷冻大黄配热蛋黄酒

这个食谱听起来很复杂，但实际上很简单。如果想吃热的，就需要在最后打发蛋液；如若冷食，则可以提前准备。可以搭配任何水果。

4人份

大黄

350克大黄茎，去掉叶片

115克细砂糖

泡沫

4个中等大小鸡蛋的蛋黄

4汤匙细砂糖

4汤匙马尔萨拉酒

1. 去除大黄茎不需要的部分后切成10厘米长的段。将糖放入有盖的中号煎锅中，倒入120毫升水。小火加热，搅拌至糖溶解，沸腾后用小火再煮3分钟。

2. 将大黄放入锅中，注意要并排放置。煮开后，盖上锅盖，小火炖煮3分钟。小心地把大黄翻过来，重新盖上盖子，再煮3~4分钟，直到断生。从火上移开，使其完全冷却。将大黄盛到盘子里，盖上盖子，冷却至少2小时后再食用。

3. 将蛋黄和糖放入耐热碗中搅拌打发，直到变得浓稠、发白，呈乳脂状为止。然后拌入马尔萨拉酒。

4. 将碗放在炖锅里，小火慢慢煨（水不沸腾的程度），不断搅拌，当混合物开始变稠时，不时地在碗周围刮动。继续搅拌，直到混合物变稠，呈湿性发泡时为止——一定要小心，因为煮过头就会变成炒鸡蛋！

5. 将上述步骤中炖好的汁舀在冷冻的大黄上趁热食用，或将大黄从水里拿出来后冷却，盖上盖子放入冰箱冷藏储存，等需要时食用。

这道菜不适合冷冻储存。

▶ 需要用到第100页种植的农作物

油炸苹果梨馅饼

当你用叉子插入薄薄的面皮时，鲜果馅料就会渗出果汁，散发出水果自然的香味。食用时只需撒上肉桂味的细砂糖和一团奶油或冰淇淋即可。或者，也可以试着做我介绍的蔓越莓酱和油炸馅饼一起食用（见厨师的话）。

1. 苹果和梨去皮去核，切成约1厘米厚的大片。把一半的面粉筛在一个大盘子上，把水果倒进去，慢慢地颠匀，使面粉薄薄地裹在所有水果上。备用。

2. 将剩下的面粉和盐筛入小碗中，慢慢调入鸡蛋和牛奶，搅拌成细腻且表面光滑的面糊。

3. 将油加热至190℃进行油炸。将水果片蘸上面糊，每次煎5～6片，煎3～4分钟，直到酥脆金黄。捞出用厨房纸巾吸干油。

4. 上桌时，将糖和肉桂粉混合，撒在水果馅饼上。随后浇上奶油或冰淇淋即可食用。

厨师的话　将175克备好的蔓越莓清洗后放入炖锅，倒入150毫升鲜榨橙汁或凉开水。煮沸后，用小火慢煮5分钟，直到浆果裂开、变软。关火后根据口味调入大约75克细砂糖。趁热或冷却后与油炸馅饼一起食用。这种酱汁也很适合搭配烤肉。

这道菜不适合冷冻储存。

4人份
2个苹果
2个成熟的梨
100克普通面粉
少许盐
一个中等大小的鸡蛋，打匀
150毫升全脂牛奶
用于油炸的植物油
4汤匙细砂糖
1/2茶匙肉桂粉

▶ 需要用到第80、84和90页种植的农作物

金橘姜饼布丁

6人份

300克金橘，洗净，去掉果柄

5汤匙细砂糖

4汤匙姜汁酒

1茶匙磨碎的橘子皮

一块175克的牙买加姜饼或类似的东西

425克奶油冻罐头

300毫升浓奶油

可食用的银球和金球糖珠作装饰

这并不是我平时最爱的布丁之一，但这道菜位列我的圣诞备选甜点前十名。在其他时候，也可以和清蒸梨、新鲜树莓或炖大黄一起食用。

1. 将金橘切成薄片，尽可能去掉籽。将金橘片放入炖锅，加入6汤匙水和3汤匙糖。慢慢加热，不断搅拌，直到糖溶解。接着煮沸，盖上盖子，用小火炖8～10分钟，直到食材变得很软。

2. 加入姜汁酒和橘子皮。混合均匀后，将75毫升果汁倒入耐热壶中，加入剩余的糖，搅拌至糖溶解。让水果和果汁冷却。

3. 姜饼切成小块，放入6个玻璃杯或碗的底部。浇上冷却的水果，然后倒入奶油冻。盖上盖子，冷藏后准备食用。

4. 吃之前，将奶油搅打至开始变稠。继续搅打，倒入预留的冷却果汁，不断搅打直到发泡。将奶油堆在前面做好的奶油冻上，再点缀一些可食用银球和金球糖珠即可食用。

这道菜不适合冷冻储存。

▶ 需要用到第102页种植的农作物

糖皮小胡瓜、柠檬酸橙枕头蛋糕

10人份

3个中等大小的鸡蛋，打匀

225毫升葵花籽油

250克细砂糖

200克自发粉

3/4茶匙发酵粉

75克杏仁粉

1个柠檬，洗净后果皮擦成碎末

1个酸橙，洗净后果皮擦成碎末

175克黄皮小胡瓜或绿皮小胡瓜，去掉不需要的部分后擦碎

3汤匙金砂糖

这是一款很特别的蛋糕，里面含有一种神秘的有助于保湿的成分。静置 24 小时后，蛋糕的风味会更浓郁。如果你愿意的话，可以用擦碎的胡萝卜代替小胡瓜。

1. 预热烤箱至180℃，给900克面包烤盘涂上黄油并铺上内衬烘焙纸。在搅拌碗里将鸡蛋、油和砂糖搅打均匀。

2. 面粉和发酵粉过筛，再加入杏仁粉、柠檬皮和酸橙皮的碎末。小心地把这些材料混在一起，直到完全混合均匀后调入小胡瓜碎。

3. 把上述步骤的混合物倒入准备好的烤盘中，把顶部抹平。撒上一层厚厚的金砂糖。在烤箱里烤1小时左右，直到中间变硬且呈金黄色为止（可以用竹签插入中心，如果蛋糕熟了，竹签拔出来应该是干净的）。留在烤盘里冷却30分钟，然后转移到金属网架上完全冷却。包起来储存一天后再食用。

4. 将蛋糕切成厚片，沏一杯茶一起食用，还可以在蛋糕上浇上奶油或点缀浆果食用。

冷冻方法　彻底冷却后包裹好，放入冰箱可以冷冻储存6个月。吃之前从冰箱中拿出，在冷冻包装材料中常温解冻。

▶ 需要用到第54和102页种植的农作物

树莓配白巧克力松饼

口感柔和，带有新鲜水果的香味和融化的白巧克力碎屑。从锅里拿出来就可以尽情享用了。

125克自发面粉

1汤匙细砂糖

2个中等大小的鸡蛋，蛋白和蛋黄分开

250毫升全脂牛奶

115克新鲜树莓，洗净后轻轻捣碎

50克白巧克力屑

1茶匙上等香草精

25克无盐黄油

另取一些新鲜覆盆子和香草糖，一起上桌，搭配食用

1. 把面粉和糖筛到一个碗里，在中间挖一个洞。加入蛋黄，倒入牛奶，用搅拌器边搅拌边慢慢掺入面粉中。搅打面糊至黏稠顺滑，但注意不要搅拌过度。

2. 在一个干净无油的碗里，搅拌蛋白直到变稠，用一个大的金属勺小心地将蛋白和树莓、白巧克力屑和香草精调入面糊中。

3. 在直径18厘米的小煎锅里加热1/4的黄油，直到融化并冒泡。用勺子舀入1/4的面糊，用中小火煎4～5分钟，直到表面出现气泡。翻个面，再煎2～3分钟，直到松饼表面变成金黄色并鼓胀起来。

4. 把松饼放在铺了干净的茶巾和烘焙纸的金属网架上。盖住保暖。重复上述步骤，煎完所有的面糊，每次舀面糊之前都应给煎锅重新涂上黄油并搅拌面糊。松饼配上新鲜的树莓和香草糖一起食用，美味可口。

冷冻方法 冷却后隔着烘焙纸叠起来。装在冷藏袋中密封好，或者用箔纸包裹好，或放在密封的防冻容器中。放入冰箱可以冷冻6个月。吃之前从冰箱中拿出，在冷藏包装中室温解冻。重新加热时，放置在铺有烘焙纸的烤盘上。盖上箔纸，放入预热过的烤箱中，190℃烤5～6分钟，直到滚烫为止。

▶ 需要用到第96页种植的农作物

甜菜根苹果酸辣酱

　　这是一道简单又美味的蘸酱，缩短了制作传统辣酱的漫长过程。做完后 48 小时不要开封，使之形成特别的风味。

1. 将香叶、辣椒和香料放入一小块棉布中，用干净的细绳捆住。放入炖锅。倒入醋，加入大蒜、火葱、苹果和糖。

2. 煮开，不时搅拌一下，用小火煮10分钟，直到食材变软。冷却后，将香料袋丢弃。

3. 把处理好的甜菜根放在碗里，调入已经冷却好的前面制作的汁。加盐调味后，舀入消过毒的瓶子中，密封好（见138页的保鲜小贴士）。先在冰箱里放几天，开瓶后2周内吃完。

厨师的话　煮新鲜甜菜根时，先把根茎洗干净，注意不要切到皮或擦伤皮，不要去皮直接放在炖锅里，加水烧开。根据甜菜根的大小，煮1～2小时。煮好后捞出，沥干水，用凉水冷却，直到不烫手、能够处理为止，然后小心地擦去皮。

这道菜不适合冷冻储存。

成品大约750克
1片香叶
1个小干辣椒
一小块肉桂
1/2茶匙黑胡椒粒，捣碎
1茶匙香菜籽，捣碎
225毫升白葡萄酒醋
2瓣大蒜，剥皮后捣碎
2个火葱，去皮后切成碎末
1个苹果，去皮去核后切成碎末
3汤匙砂糖
500克去皮的煮熟的甜菜根，擦碎（处理方法见厨师的话）
1茶匙盐

▶ 需要用到第22、26、32、63和80页种植的农作物

大果粒浆果果酱

成品大约500克

250克砂糖

250克新鲜、成熟的优质浆果，洗净后用厨房纸巾轻轻拍干

50毫升果胶液

一种无需烹煮、口感柔和的新鲜水果酱制品，适用于蓝莓、黑莓、草莓和树莓。

1. 将糖放入炖锅，小火慢慢加热约10分钟，不时搅拌，直到变热。小心不要让糖加热至全部熔解或烧焦。同时，将浆果放入碗中，用叉子将其碾碎，调入果胶液。

2. 把熬好的热的糖调入碎浆果中，搅拌几分钟，直到糖融化。舀入消过毒的瓶子（见下文），注意距离瓶盖留出约5毫米的空间，密封好。冷却后在冰箱中储存48小时后即可食用（最多可以一个月不开封）。一旦开封，要在2周内吃完。冷冻时，应按照上述说明进行操作，不过应将其倒入干净的冷冻容器中，在顶部留出1厘米的空间，因为在冷冻过程中可能会发生膨胀。盖上盖子，冷藏48小时后进行冷冻，这样可以储存6个月。拿出来吃之前先在冰箱里隔夜解冻。同样，开封后要在2周内吃完。

保鲜小贴士

- 为了能很好地保鲜，要确保所有材料都彻底清洁，密封完好，防止发生变质。

- 罐子和瓶子的消毒：使用完好的玻璃容器和瓶子，不能有缺口或裂缝。用温和的洗涤剂彻底清洗，然后漂洗干净。口朝上放在深炖锅里，倒入沸水，煮沸，令其沸腾约10分钟。用钳子将其取出来，倒置放在干净的厚毛巾上晾干。将几张厨房纸巾铺在烤盘上，烤箱设置为最低温度进行保温，直到准备装填时。

- 封口：果酱一放进罐子，就在罐子上放一个蜡纸圈。要么盖上螺纹盖，要么用透明罐外盖和橡皮筋密封死。如果要装很多罐，最好让罐子里的果酱完全冷却后，再用蜡纸圈和盖子密封。尽量不要遮盖温热的果酱，因为会形成太多冷凝水，容易导致储存期间生长霉菌。对于酸辣酱、泡菜和其他用醋腌制的食品，要确保所用的密封件不会被腐蚀。只装到一半的罐子应该冷却、密封后再放入冰箱中，并尽快食用。

▶ 需要用到第**88**、**96**和**98**页种植的农作物

鲜草莓糖浆

　　这是一种享用我们最喜爱的美味浆果的方式，使人耳目一新。淋上冰淇淋，或用冰镇矿泉水稀释——加在水果沙拉、鸡尾酒和潘趣酒里，味道非常棒！

1. 将草莓放入搅拌机中，搅打几秒钟直至草莓果泥顺滑。

2. 将第1步做的果泥倒入果汁过滤袋或内衬干净棉布的尼龙筛子，悬挂在干净的碗上，在凉爽的地方（或冰箱）放置24小时，让水果完全滤干净。不要挤压水果，否则会使果汁变混浊。

3. 将果汁倒入不会发生反应的炖锅中，加入糖。（注：此处果汁的分量约为300毫升。如果量较多，则每600毫升的果汁加225克糖。）

4. 小火加热，不断搅拌，直到糖溶解，但不要煮沸。将锅从火上移开，加入柠檬汁搅拌。静置5分钟，然后用过滤漏斗将液体滤入消过毒的瓶中，顶部留出不大于2厘米的空间（见138页的保鲜小贴士），用耐腐蚀的盖子密封好。可以在冰箱里保存2周。

5. 若要长期保存糖浆，可以稍微松开封口，放在深炖锅内的三脚架上，塞入布块，防止瓶子互相接触或碰到锅的两侧。在平底锅里倒满温水，刚好没过瓶子，盖上锅盖，加热到微微沸腾后继续煨20分钟。

6. 小心地将瓶子拿到木板上，密封好后冷却。储存在阴凉、黑暗、干燥的地方，可以储存6个月之久。开封后放入冰箱，并在2周内吃完。

这道菜不适合冷冻储存。

成品约400毫升
900克熟透的新鲜草莓，洗净后摘掉花萼
115克细砂糖
2汤匙鲜榨柠檬汁

▶ 需要用到第**98**页和**102**页种植的农作物

致谢

为编写这本书，这一年从早春到初冬，我花了很多时间栽培和照看这些植物。我要向我的家人和朋友道歉，在这段时间里忙于水果和蔬菜而忽视了他们，不过，幸好现在这本书要出版了，他们可以看到我一直以来都在忙些什么了！感谢摄影师斯图尔特·麦格雷戈（Stuart MacGregor），感谢他在整个项目中尽心尽力和他对细节的关注，才使得这本书有了如此精美的图片。此外，我还要谢谢伊恩·加利克（Ian Garlick）拍摄的美食照片。